한 권으로 이해하는

수학

한 권으로 이해하는

수학

ⓒ 컴팩트사, 2013

초판 1쇄 인쇄일 2021년 4월 28일
초판 1쇄 발행일 2021년 5월 7일

지은이 폴케르 올리
옮긴이 강희진   감수 김용희
펴낸이 김지영   펴낸곳 지브레인^{Gbrain}
편집 김현주
마케팅 조명구   제작 · 관리 김동영

출판등록 2001년 7월 3일 제2005-000022호
주소 04021 서울시 마포구 월드컵로7길 88 2층
전화 (02)2648-7224   팩스 (02)2654-7696

ISBN 978-89-5979-663-2 (03410)

• 책값은 뒤표지에 있습니다.

• 잘못된 책은 교환해 드립니다.

한 권으로 이해하는

수학

폴케르 울리 지음 강희진 옮김 김용희 감수

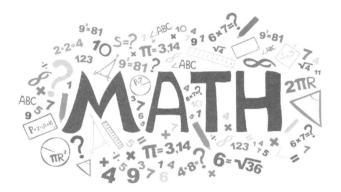

G brain
지브레인

　어떤 수학적 질문을 하면 사람들을 놀라게 할 수 있을까? 사람들이 감탄할 수학적 지식으로는 어떤 것이 있을까? 누구보다 쉽게 수학의 개념과 원리를 설명하면 내 실력을 인정하며 그저 고개를 끄덕이게 될까?

　그런 경험을 한 번쯤 해 보고 싶다면 이 책을 꼭 읽어 보기 바란다. 이 책에는 선생님과 친구들 앞에서 수학 실력을 뽐낼 수 있는 여러 가지 비법들이 들어 있기 때문이다. 이 정도 수학 지식이라면 분명 선생님도 감탄할 수밖에 없을 것이다.

　이 책에는 이각형이 어떻게 생겼는지, 자와 컴퍼스만 이용해서 주어진 원과 동일한 면적을 가진 정사각형을 그리는 게 왜 불가능한지, 복리의 위력이 얼마나 무시무시한지 등 수학적 지식으로 똑똑함을 자랑할 수 있는 수많은 수학 상식들이 들어 있다.

　이제 수학의 기본 개념과 원리만으로도 사람들에게 지식을 자랑할 수 있는 수학의 세계로 떠나보자!

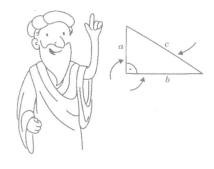

목차

1. 도형

원

동그란 사각형?!

'원^{circle}'이란 점의 집합이다. 평면 위의 한 점(M)에서 일정한 거리(r)에 있는 점들(p)을 이으면 원이 되는 것이다.

이때 점 p의 집합을 '기하학적 궤적' 혹은 '기하학적 자취$^{geometric\ locus}$'라고 부르는데, 중심점(M)으로부터 반지름(r)만큼 뻗어 나온 지점들(p)을 이은 기하학적 궤적은 직선이 될 수도 있고, 경우에 따라 원호나 원이 될 수도 있다.

한편, 어떤 평면 위에 떠 있는 p라는 점에서 일정한 각도(α°)로 여러 개의 선을 내려 그은 뒤 그 지점들을 연결할 경우에도 하나의 원이 탄생한다. 그 원은 바로 원뿔의 밑변이 되고, p에서 α°로 내려 그은 선들은 원뿔의 '모선^{generator}'이 된다.

원적문제

'원적문제$^{squaring\ the\ circle}$'란 자와 컴퍼스만 이용해서 주어진 원과 동일한 넓이의 정사각형을 그리는 문제를 뜻한다. 이 문제는 고대 그리스 시절부터 제기되어 온 기하학의 3대 과제 중 하나인데, 수많은 수학자들이 도전했지만 결국 실패했다. 그러다가 1882년, 페르디난트 폰 린데만 Ferdinand von Lindemann(1852~1939)이 원주율(π)은 초월수라는 것을 증명해 원적문제는 원래 풀 수 없는 문제임이 증명되었다. 그래서 지금도 '먹물 좀 먹었다' 하는 사람들은 불가능한 문제를 접할 때면 '이건 원적문제야!'라고 말하곤 한다.

원적문제 =도저히 해결할 수 없는 문제

바빌로니아인들과 원

원을 둘러싼 고민은 이미 오래전에 시작되었다. 고대 바빌로니아인들도 어떻게 하면 원의 면적과 둘레를 구할 수 있을지 고민에 고민을 거듭했다. 사실 그 값들을 구하려면 무한소수인 파이(π)가 반드시 필요하지만 그 당시 바빌로니아인들은 파이라는 개념을 알지 못했다. 바빌로니아인들은 지금 우리가 π를 대입하는 부분에 숫자 '3' 혹은 '$3\frac{1}{8}$'을 대입하는 것으로 만족해야만 했다. 참고로 π 대신 어떤 숫자를 사용해야 할 때면 3이나 $3\frac{1}{8}$ 보다는 $\frac{22}{7}$을 사용하는 것이 훨씬 더 정확하다고 한다. 또 일상생활이나 기술적인 분야에서는 π 대신 $\frac{22}{7}$을 대입하는 것만으로도 정확한 계산이 가능하다고 한다.

끈을 이용한 간단한 측량법

'원주circumference'는 원의 둘레를 뜻하는 말이다. 그런데 원의 둘레를 이용해 내가 원하는 또 다른 형태의 구조를 만들 수 있다. 이를 테면 컴퍼스 대신 기다란 실이나 끈을 이용해서 마당에 원하는 형태의 화단을 만들 수 있는 것이다.

그러기 위해서는 우선 두 개의 지점을 설정해야 한다. 예컨대 오른쪽 그림처럼 마당 위에 두 개의 지점(E_1과 E_2)을 정한 뒤 '끈 컴퍼스'를 이용해 화단의 모서리가 될 지점(B)을 설정한다. 다음으로 원의 반지름을 이용해 화단의 나머지 모서리들을 정하면 된다. 그리고 계속해서 생각해두었던 종류의 꽃이나 모종들을 원하는 위치에 심기만 하면 완성!

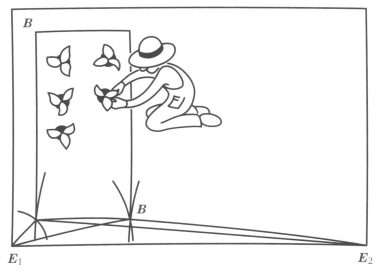

수학 실력은 화단을 꾸밀 때에도 도움이 된다!

위 작업과는 반대로, 끈 컴퍼스를 이용해 이미 정돈되어 있는 화단의 개략적 도면을 작성할 수도 있다. 그런 다음 해당 도면을 보면서 다음에는 어디에 어떤 품종을 심을 것인지 결정하는 것도 멋질 것이다.

천문학과 선박의 위치 파악

훌륭한 항해사라면 현재 자기가 타고 있는 선박의 위치가 정확히 어디쯤인지는 반드시 파악할 수 있어야 한다. 먼 옛날 뱃사람들은 별과 달을 이용해 선박의 위치를 파악했다. 별과 달이라는 말 때문에 복잡한 천문학을 떠올리는 독자들이 많겠지만, 사실은 간단한 작업이다. 예를 들어 우

13

리 눈앞에 높은 탑 하나가 있다고 치자. 그 탑 꼭대기와 나와의 각도를 일정하게 유지하면서 탑 주위를 한 바퀴 빙그르르 돌면 완벽한 형태의 원이 그려지고, 그것으로 자신의 현재 위치를 파악할 수 있다. 물론 바다 한가운데에 생뚱맞게 탑이 하나 세워져 있을 리는 만무하다. 대신 그 당시 뱃사람들에게는 별과 달이 있었다. 즉 별이나 달을 탑의 꼭대기로 간주하고 '육분의 sextans * '를 이용해 각도와 거리를 측정한 것이다.

탑 꼭대기 혹은 별과 달의 위치를 이용해 자신의 위치를 파악할 수 있다!

바다 위에서 잔뼈가 굵은 노련한 항해사들은 자신이 타고 있는 배의 위치를 확인할 때는 늘 별을 이용해 왔다. 별과 자신과의 각도를 이용해 현

---

* 육분의 배위 위치 판단을 위해 천체와 수평선 사이의 각도를 측정하는 광학기계

재 지구상 어느 지점쯤에 있는지를 알아낸 것이다. 이때 항해사들이 그리는 곡선을 '기저선 baseline'이라 부르는데, 기저선도 결국 기하학적 자취의 일종이다. 항해사들은 첫 번째 기저선과 두 번째 기저선이 만나는 지점을 통해 자신의 현재 위치를 보다 정확하게 파악하기 위해 또 다른 별이나 무선전파방향탐지 기지국 등을 이용해 제2의 기저선을 그려 보기도 했다.

하지만 아무리 노련한 항해사라 해도 오로지 그 방법만으로는 자신의 위치를 정확하게 판단할 수 없었다. 모순적인 말일 수도 있겠지만, 자신의 현재 위치를 정확하게 판단하기 위해서는 현재 자신의 위치가 어디쯤인지 대략적으로는 알고 있어야 했다. 그 이유는 두 개의 기저선이 서로 만나는 지점이 단 한 개가 아니라 두 개이기 때문이다. 따라서 둘 중 어느 지점이 자신의 현재 위치인지를 알려면 적어도 대략적으로는 자신의 위치를 알고 있어야만 했던 것이다.

이를 알기 위한 과정은 실로 고난과 장애물의 연속이었다. 우선 기저선이 평면상에 있는 것이 아니라 지구라는 둥근 구면 위에 있다는 것부터가 문제였다. 그 난관을 극복하자면 구면 위에서도 사용할 수 있는 '직각삼각계 trigonometer'를 이용해야 했는데, 그 역시 당시로서는 생소한 도구였다. 다행히 지금은 항해연감을 펼치기만 하면 될 정도로 작업이 간소화되어, 취미로 배를 타는 이들도 이차방정식의 근을 구할 수 있는 실력만 된다면 자신의 현재 위치를 쉽게 파악할 수 있게 되었다.

그런데 이때 가장 중요한 포인트는 바로 별을 '쏘는' 것이라 한다. 별의 정확한 위치를 파악하는 작업을 항해사는 '쏜다'라고 말하는데, 그 과정만 완벽하게 처리하고 나면 그 다음부터는 그야말로 일사천리라는 것이다. 간단한 덧셈과 뺄셈으로 시야의 고도와 구면의 휨 각도를 조정한 뒤, 그 수치를 항해연감과 대조만 하면 자신의 위치를 파악할 수 있다고 한다.

피타고라스의 정리

피타고라스의 정리는 직각삼각형의 세 변 사이에는 $c^2 = a^2 + b^2$ 이라는 관계가 성립된다는 법칙이다. 이때 a와 b는 직각을 낀 두 개의 변이고 c는 나머지 하나의 변, 즉 해당 삼각형에서 가장 길이가 긴 변을 뜻한다.

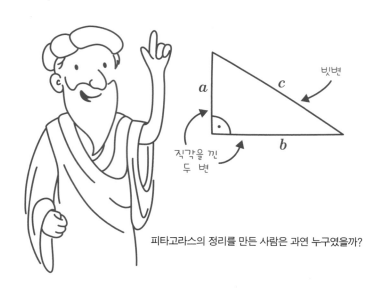

빗변

a

c

직각을 낀
두 변

b

피타고라스의 정리를 만든 사람은 과연 누구였을까?

피타고라스의 정리는 정말 피타고라스가 정리한 것일까?

이름이 말해 주듯 피타고라스의 정리를 만든 사람은 사모스^{Samos} 섬 출신의 철학자이자 수학자인 피타고라스(BC 570~510년경)였다. 요즘 상식으로는 '아니, 철학자가 어떻게 수학까지!'라는 생각이 들겠지만 당시로서는 그리 특별할 것도 없었다. 고대는 물론 중세에 접어든 이후까지도 수학이 철학의 일부로 간주되었기 때문이다.

사모스 섬 출신의 위대한 학자 피타고라스는 자신의 이름을 딴 위대한 법칙의 발견자라고 주장했을 뿐 아니라 그 법칙이 성립될 수밖에 없는 과정도 증명했다. 그런데 피타고라스의 정리는 바빌로니아와 인도의 수학자들도 이미 사용하고 있었다. 게다가 그 당시 수학자들이 주장한 내용들을 자세히 살펴보면 그들 역시 해당 법칙이 성립될 수밖에 없는 이유를 알고 있었던 듯하다. 다만 이 법칙을 증명해냈다는 기록은 어디에도 존재하지 않기 때문에 피타고라스의 정리로 인정받고 있다.

피타고라스의 직각삼각형

피타고라스의 정리는 아주 오래 전부터 건설 현장에서도 널리 활용되어 왔다. 해당 법칙을 이용해 직각삼각형을 활용할 수 있기 때문이다. 그런데 피타고라스의 정리의 '역^{converse}' 또한 참이다. 즉 어떤 삼각형의 가장 긴 변(빗변)의 제곱이 나머지 두 변의 각각의 길이의 제곱의 합과 같다면 해당 삼각형은 반드시 직각삼각형이라는 것이다. 이 정도 지식만 갖고 있다면 언제 어디에서든 직각삼각형 만들 수 있다.

참고로 피타고라스의 정리를 충족시키는 가장 간단한 숫자들은 3, 4, 5 이다. 즉, '3, 4, 5 중 가장 큰 숫자(빗변)의 제곱은 나머지 두 숫자들(밑변 과 높이)의 제곱의 합과 같다($3^2 + 4^2 = 5^2$)'는 법칙만 기억하고 있으면 손 쉽게 직각을 만들 수 있는 것이다. 지금도 측량학이나 건축학에서는 건물 을 수직으로 세워야 할 때 피타고라스의 정리를 이용하고 있다.

자, 지금부터 12m 길이의 노끈을 이용해 피타고라스의 직각삼각형을 직접 만들어 보자. 우선 3m 지점에서 끈을 한 번 꺾고, 다음으로 7m 지 점에 다시 한 번 꺾어 준다. 그런 다음 남은 끈을 출발 지점에 갖다 붙이기 만 하면 직각삼각형이 완성된다. 이때 각각의 꺾이는 지점에 말뚝을 하나 씩 박으면 직각삼각형의 모양을 좀 더 분명하게 확인할 수 있다.

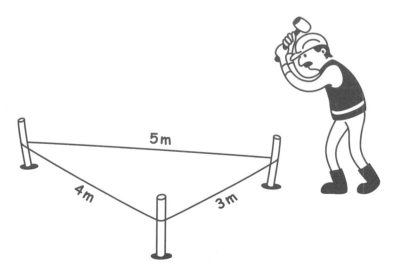

건축학에서도 유용하게 활용되는 피타고라스의 정리

$\sqrt{2}$와 정사각형의 대각선

어떤 수에 자기 자신을 곱했을 때 n이 나올 경우, 해당 숫자를 n의 '제곱근square root'이라 부른다.

정사각형의 경우, 각 변의 길이가 1일 때 대각선의 길이는 $\sqrt{2}$가 된다. 그 사실은 피타고라스의 정리에서도 입증된다. 즉, 정사각형의 각 변들 중 서로 맞닿은 두 변을 각각 삼각형의 밑변과 높이(s)로 간주하고 그 두 변이 끝나는 지점들을 이은 선을 빗변(d)으로 볼 경우, '밑변과 높이의 길이를 각각 제곱하여 더한 값이 빗변의 제곱과 동일하다'는 피타고라스의 정리가 성립되는 것이다. 참고로 그 과정을 조금 더 정확히 살펴보면 아래와 같다.

$$\Rightarrow d = \sqrt{s^2 + s^2}$$
$$= \sqrt{2s^2}$$
$$= \sqrt{2} \cdot \sqrt{s^2}$$
$$= \sqrt{2} \cdot s$$

증명 끝!

A4용지와 피타고라스의 정리

2의 제곱근($\sqrt{2}$)에는 재미있는 비밀이 숨어 있다. 자, 높이가 밑변의 $\sqrt{2}$배인 직각삼각형을 하나 그려 보자. 그런 다음 긴 변을 반으로 자르면 두 개의 작은 직각삼각형이 나온다. 이 두 개의 '미니-직각삼각형'은 넓이가 원래 삼각형의 절반일 뿐 아니라 모양 또한 원래 삼각형과 닮은꼴이다. 다시 말해 작은 삼각형들의 넓이와 높이의 비율이 원래 삼각형과 동일하다. 그뿐 아니라 작은 삼각형들의 높이는 큰 삼각형의 세 변 중 가장 짧은 변과 정확히 일치한다.

종이 제작자들은 그러한 사실에 착안해 종이의 크기를 결정했다. 우리가 흔히 사용하는 A4 용지의 높이가 바로 바닥 길이의 정확히 $\sqrt{2}$배이다. 종이의 크기를 정할 때 기본이 되는 전지全紙의 사이즈를 A0라 부른다. A0 사이즈 종이의 밑면은 정확히 841㎜, 높이는 1,189㎜로, A0을 절반으로 계속 분할해 나가면 점점 더 작은 크기의 종이를 만들 수 있다. 예컨대 A1은 A0의 높이를 정확히 반으로 자른 뒤 세로로 세운 사이즈이고(594 × 841㎜), A2는 A1의 높이를 정확히 반으로 자른 뒤 다시 세로로 세운 사이즈이다(420×594㎜). 계속 그렇게 나아가면 A3, A4, A5 등이 나온다.

여기에서 우리는 한 가지 중요한 법칙을 찾을 수 있다. A4의 면적은 A5 면적의 정확히 두 배에 해당되고, A3는 A4의 정확히 두 배에 해당된다는 사실이다. 도면 제작 시에 주로 사용되는 A3 용지란 즉 A4를 두 배로 늘린 크기이고, 반대로 말하면 A3를 반으로 접으면 A4 사이즈가 나온다는 뜻이다.

종이의 크기와 편지봉투의 무게

위에서 살펴보았듯 알파벳 A 뒤에 숫자를 붙임으로써 용지의 사이즈를 편리하게 구분할 수 있다. 그런데 A0를 기본으로 삼은 뒤 각 용지의 크기(넓이)를 '2의 마이너스 제곱수'로도 표시할 수 있다. 예컨대 A1의 면적은 2^{-1}, 즉 $\frac{1}{2}$ ㎡이고, A2의 면적은 2^{-2}, 즉 $\frac{1}{4}$ ㎡인 것이다.

 그뿐 아니라 종이 사이즈를 근거로 편지봉투의 무게도 추정할 수 있다. 단, 그러기 위해서는 먼저 복사지나 인쇄지 등의 용도로 요즘 주로 사용되는 종이들의 경우, 1㎡ 당 대략 80g(80 g/㎡)이라는 사실을 미리 알고 있어야 한다. 그 지식에다가 앞서 나온 공식을 적용하면 A4의 무게가 $2^{-4} \cdot 80g$이라는 답을 얻을 수 있다. 달리 표현하자면 $\frac{1}{16} \cdot 80g$, 즉 5g인 것이다. 참고로 우리나라 우체국은 기본 우편물의 무게를 25g으로 규정하고 있다. 25g 이하의 우편물에 대해서는 기본 우편료인 300원을 부과하고, 무게가 초과할 경우 더 많은 우편료를 지불해야 한다. 그러니 누군가에게 우편물을 발송할 때 기본요금 이상을 지불하고 싶지 않다면 A4지 4장 정도로 편지 내용을 줄여야 한다. 편

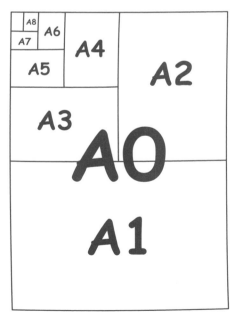

A0, A1, A2, A3…… 용지의 사이즈

지봉투나 우표, 잉크의 무게 등을 감안할 때 비로소 '25g 한계'를 초과하
지 않기 때문이다.

탈레스의 정리

> 반원에 내접하는 각은 모두 직각이다.

탈레스의 반원

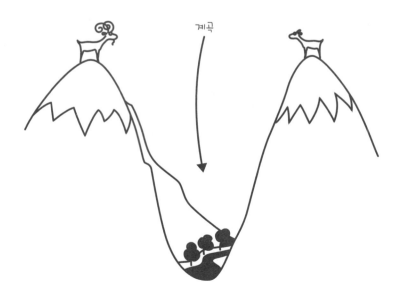

수학자들 사이에서 농담처럼 하는 말이 있다.

'산이 두 개 있으면 그 사이에는 반드시 계곡이 존재한다'

오른쪽 그림이 바로 그 농담을 그림으로 표현한 것이다. 그런데 '반원에 내접하는 각은 모두 직각이다'라는 탈레스의 정리는 사실 반원뿐 아니라 부채꼴이나 활꼴에도 적용된다. 하지만 해당 법칙을 발견한 당사자인 밀레토스 출신의 탈레스^{Thales}(BC 624~546년경)조차도 이 사실을 알지 못했는데, 이쯤에서 아래 그림을 한 번 살펴보자.

망망대해를 정처없이 헤매지 않으려면 자신의 현재 위치부터 파악해야 한다!

위 그림에서 γ는 반원에 내접하는 각으로, 각의 크기는 중심각 γ'의 정확히 절반에 해당된다. 이때 γ이 $90°$이고 중심각 γ'는 $180°$인 경우, 해당 반원을 '탈레스의 원^{Thales' circle}' 혹은 '탈레스의 반원'이라 부른다.

탈레스와 항해사들

반원과 그 내접각에 관한 탈레스의 정리는 오늘날 항해사들이 수평각을 측정할 때에도 활용된다. 예컨대 위 그림에서 C라는 위치에 대한 기하학적 자취, 다시 말해 세일링 마니아들이 흔히 말하는 시야각이 어느 정도인지를 탈레스의 정리를 이용해 측정할 수 있다. 이때 직각삼각형 ABC 중 A와 B는 C지점에서 관찰할 수 있는 각도를 뜻한다. 만약 C지점에서 γ 의 각도가 얼마인지 알고 있다면 $\gamma' = 2\gamma$ 이라는 공식에 따라 γ'의 각도도 알 수 있다. 그뿐 아니라 앞서 나온 그림에서 삼각형 ABM은 이등변삼각형이므로 내각은 $180°$, 따라서 α각과 β각의 크기는 $180°$에서 γ' 각을 뺀 값을 2로 나눔으로써 쉽게 구할 수 있다.

이제 지금까지 알아낸 수치들을 바탕으로 삼각형 ABM을 그린 뒤 M에 컴퍼스를 대고 원을 그린다. 계속해서 $\overline{AB}$의 아랫부분을 잘라내면 C에 대한 첫 번째 기하학적 자취가 나온다. 물론 이때 C는 M을 중심점으로 하는 원 위에 놓여 있어야 한다.

그런 다음 시야에 들어오는 지점 중 하나를 설정한 뒤(점 P) $\overline{AP}$나 $\overline{BP}$를 기준으로 위 과정 전체를 반복하면 C지점에 대한 제2의 기하학적 자취를 구할 수 있다. 그러고 나면 남는 것은 원과 선분이 교차하는 두 개의 교점 중 내 위치(C)가 어디인지를 판단하는 것뿐이다.

답은 명백하다. 두 교점 중 하나는 땅 뒤에 있고 하나는 바다 위에 있기 때문인데, 지금 나는 항해 중이니 바다 위의 교점이 바로 나의 현재 위치가 된다.

탈레스의 정리를 이용해 탄젠트선 그리기

필요한 것은 오직 컴퍼스뿐!

탈레스의 정리를 이용하면 탄젠트선도 쉽게 그릴 수 있다. 예컨대 k라는 원 바깥에 점 P가 위치해 있는 상황에서 k원에 접하면서 점 P를 통과하는 탄젠트선을 그려야 한다고 가정해 보자. 이를 위해 우선 $\overline{MP}$를 반으로 나눈 뒤 그 중심점(M')을 기준으로 가상의 원(k')을 그린다. 이때 k'의 지름은 $\overline{MP}$의 길이와 정확히 일치한다. 그런 다음 점 P로부터 두 원이 만나는 지점(T)을 통과하는 선을 그으면 그 직선이 바로 우리가 구하고자 하는 탄젠트선(t)이 된다.

그 이유는 간단하다. 탈레스의 정리에 따르면 위 그림에서 M과 P 그리고 T를 잇는 삼각형은 직각삼각형이다. 즉 M에서 T로 수선을 그으면 그것이 곧 k의 반지름(r)이 되고, 나아가 r은 직선 t와 직각으로 만날 수밖에 없으며, 그것이 바로 대표적 탄젠트값, 즉 직각삼각형에서의 밑변과 높이의 비율이 되는 것이다.

삼각형

삼각형-단순하지만 중요한 기하학적 도형

삼각형은 세 개의 점(A, B, C)을 이어서 그린 도형으로, 기하학에서 가장 기본이 되는 도형이라 할 수 있다. 그런데 이 단순한 삼각형이 기하학 안에서 매우 중대한 부분을 차지한다. 어떤 종류의 다각형도 결국 여러 개의 삼각형으로 쪼갤 수 있고, 이를 통해 다각형의 면적을 구할 수 있기 때문이다. 참고로 삼각형의 내각의 합은 늘 $180°$이다.

'삼각법^{trigonometry}'의 기초는 고대 시절에 이미 다져졌다. 니카이아 출신의 히파르코스^{Hipparchos}(BC 190~120년경)와 알렉산드리아 출신의 메넬라오스^{Menelaos}(AD 70~140)는 삼각형에 관해 깊이 파고든 대표적 학자들이었다. 하지만 그리스 수학자들뿐 아니라 고대 이집트의 수학자들 역시 삼각형에 관해 고민할 수밖에 없었을 것으로 추정된다. 당시 나일 강은 걸핏하면 범람했는데, 그 과정에서 비옥한 토양이 육지로 스며들기도 했지만 반대로 애써 가꾼 농작물들을 죄다 쓸어가 버리면서 새롭게 구역을 나누어야 할 필요성이 생겼기 때문이다. 삼각형에 대한 연구는 아마도 그 피해를 복구하는 과정에서 반드시 필요했을 것이다. 즉 새로이 조성된 토지를 다시금 측량하는 과정에서 토지를 여러 개의 삼각형으로 분할하는 작업이 반드시 필요했을 것으로 보고 있다.

구면 위의 도형과 '이각형'

수학 시간에 나오는 삼각형들은 대부분 평면 위에 놓여 있다. 그런데 평면뿐 아니라 구면 위에도 삼각형을 그릴 수 있다. 구면 위에서는 심지어 이각형도 만들어 낼 수 있다.

우선 구면상에 두 개의 점을 찍고, 그 두 점을 지나는 두 개의 '대원^{great} ^{circle}'을 그린다. 마지막으로 그 두 대원의 호를 연결하면 이각형이 완성된다! 이때 '대원'이란 구면의 중심을 지나는 원으로, 해당 구면과 지름이 동일한 원을 뜻한다. 예컨대 적도를 따라 이은 선이 지구의 대원이 된다.

왼쪽 그림은 구면상의 삼각형, 오른쪽 그림은 구면상의 이각형이다.

삼각형의 내각의 합은 항상 180°가 아니다?!

영국 작가 테리 프래쳇[Terry Pratchett](1948년)은 삼각형의 내각의 합이 항상 180°라는 주장은 황새가 아이를 물어다 준다는 말만큼이나 근거 없는 낭설에 불과하다고 비판했다. 수학에 무지한 사람들에게나 통할 법한 거짓말에 불과하다는 뜻이었다. 실제로 삼각형의 내각의 합이 늘 180°라는 말은 거짓말이다! 평면 위에서는 해당 법칙이 진실일지 몰라도 구면 위에서는 적용되지 않는다. 구면 위에 놓인 삼각형의 내각의 합은 항상 180°보다 크다. 참고로 구면 위 삼각형의 면적은 구면과잉에 비례한다. '구면과잉[spherical excess]'이란 구면 위에 놓여 있는 다각형의 내각의 합과 평면 위에 놓여 있는 다각형의 내각의 합의 차이를 가리키는 말이다(가령 구면 삼각형의 세 각을 합한 것과 180° 외의 차. 이때 두 다각형의 변의 개수는 동일함).

구면과잉은 특히 토지 측량학이나 지도 제작 분야에서는 매우 중요하다. 구면과잉을 감안하지 않을 경우, 전반적으로 울퉁불퉁하면서 면적이 넓은 토지를 측량할 때, 혹은 해당 토지에 대한 지도를 제작할 때 오차가 커질 수밖에 없기 때문이다. 다시 말해, 입체 위에서 구면과잉을 감안하지 않을 경우 실제 면적과의 오차가 감당할 수 없을 만큼 커질 수도 있다는 뜻이다. 반면 측정 대상 토지가 비교적 평면에 가깝다면 구면과잉을 무시하고 이차원 위에서 면적을 구할 때와 동일한 방법을 활용해도 크게 문제되지 않는다.

삼각형의 합동-SSS 합동

> 서로 다른 두 삼각형의 세 변의 길이가 서로 일치할 경우, 즉 대응하는 변들
> 이 길이가 모두 같을 때 그 두 삼각형은 '합동^{congruence}'이라 부른다(*SSS*
> 합동).

끈에서 시작된 기하학

끈을 이용한 측량법에 관해서는 마당에 화단을 꾸미는 방법을 소개할
때 이미 이야기한 바 있다. '원호$^{circular\ arc}$'를 통해 원하는 길이를 결정하
고, 그런 다음 끈을 이용해 원하는 지점을 설정하는 방식이었다. 당연한
말이겠지만, 끈을 팽팽하게 당겨서 직선도 만들 수 있다. 즉, 끈이 컴퍼스
뿐 아니라 자^{ruler}의 역할도 대신할 수 있다는 말이다. 그뿐 아니라 끈을
컴퍼스로 활용해서 원하는 각도도 얻어낼 수 있다. 고대 그리스의 학자들
이 발전시킨 위대한 기하학 이론들 역시 알고 보면 끈과 막대기에서 시작
된 것이었다!

끈과 수공업의 인연

선박 제작자나 목수들 역시 끈만으로 위대한 업적들을 이루어 냈다.
지금도 독일어에서는 지붕을 마감하거나 선박의 몸통을 만드는 작업을
두고 '끈을 푼다'라는 표현을 쓴다. 혹은 선박의 몸통이 제작되는 작업장

을 '끈 바닥'이라 부르는데, 그 역시 이와 같은 역사적 배경에서 비롯된 것이다.

삼각형 구도와 안정감

삼각형은 매우 안정적인 구도로 알려져 있고, 그런 만큼 오래 전부터 다양한 분야에서 애용되어 왔다. 이를 테면 초기 남성용 자전거의 뼈대에서도 삼각형 구도를 찾아볼 수 있다. 사실 해당 자전거의 프레임은 삼각형이 아니라 다이아몬드 모양이었지만 거기에 대각선 방향으로 막대 하나를 추가함으로써 다이아몬드는 두 개의 삼각형으로 분리되었고, 이로써 견고함과 안전성을 확보할 수 있었다.

자전거의 프레임과 삼각형 구도

삼각형의 합동-ASA 합동

> 서로 다른 두 삼각형의 한 변의 길이와 그 양 끝각의 크기가 서로 같을 경우,
> 즉 대응하는 한 변이 길이가 같고 그 변의 양 끝각의 크기가 서로 같을 때 그
> 두 삼각형은 합동이 된다(*ASA* 합동).

교차방위법

ASA합동의 법칙을 활용하면 선박의 위치를 쉽게 파악할 수 있다. 이때 이른바 '교차방위법cross bearing'이라는 방식을 활용하게 되는데, 교차방위법에서는 우선 나침반을 이용해 두 곳 이상의 육지 목표물의 방위를 측정한다. 교회 종탑이나 높은 건물의 굴뚝 등을 '물표target'로 삼는 것이다. 이때 그 두 물표 사이의 거리는 삼각형의 한 변이 된다. 그 두 지점의 위치를 해도海圖 상에 표시하고, 양끝 각을 따라 선을 그으면 한 개의 교차점이 나오는데, 그것이 바로 선박의 현재 위치가 된다. 토목공학에서도 똑같은 방법을 이용해 미지未知의 위치를 추정하곤 한다. 단 토목공학 분야에서는 이러한 방식을 교차방위법 대신 '교회법intersection'이라 부른다.

---

* 참고 SAS합동도 있다. 대응하는 두 변의 길이가 각각 같고 그 끼인각의 크기가 같을 때 SAS합동이라고 한다

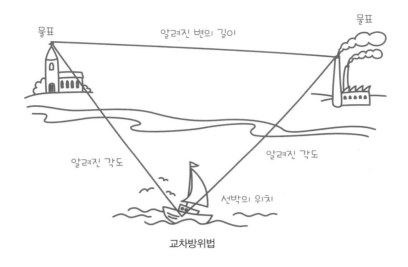

목표
알려진 변의 길이
목표

알려진 각도
알려진 각도
선박의 위치
교차방위법

삼각형의 닮음-AA닮음

두 삼각형이 크기는 서로 다르지만 세 각의 크기가 모두 일치할 경우, 다시 말해 대응각들의 크기가 모두 같을 때 두 삼각형은 '닮음^{similarity}'이라 부른 다. 그런데 세 각의 크기가 일치함에도 불구하고 이 법칙은 '*AAA* 닮음'이라 는 말 대신 '*AA* 닮음'이라 불린다. 삼각형의 내각의 합은 항상 180°이기 때문에 셋 중 두 각의 크기가 같을 경우, 나머지 한 각의 크기는 당연히 같을 수밖에 없기 때문이다.

끈 컴퍼스와 각도기 그리고 도형의 넓이

앞서 마당에 화단을 가꾸는 얘기를 할 때 끈 컴퍼스만으로도 원하는 지점과 각도를 설정하고 기하학적 구조를 얻을 수 있다는 사실을 이미 확인했다. 적어도 대략적인 구도는 끈 컴퍼스만으로 충분히 얻을 수 있다. 물론 측량이나 건축 분야의 전문가들은 각도기를 이용해 훨씬 더 정확하게 각도를 측정해야 한다. 그런데 도형의 모양과 상관없이 어떤 도형이든 그 넓이를 알아내기 위해서는 최소한 한 변의 길이는 알고 있어야 한다.

이등변삼각형

> 세 변 중 두 변의 길이가 같은 삼각형을 '이등변삼각형 isosceles triangle'이라 부른다. 이등변삼각형의 꼭짓점(길이가 같은 두 변 사이에 끼인 점)에서 밑변으로 수선을 내리면 두 개의 삼각형이 나오고, 좌측 삼각형과 우측 삼각형은 대칭을 이룬다.
> 오일러 직선
> 삼각형의 외심과 무게중심 그리고 수심을 지나는 직선을 특별히 '오일러 직선 Euler's line'이라 부른다.

오일러 직선과 대칭축

이등변삼각형에서는 오일러의 직선이 곧 대칭축이 된다. 하지만 정삼각형에서는 그렇지 않다. 정삼각형에서는 세 개의 점, 즉 외심과 무게중심, 수심이 단 한 개의 지점이기 때문이다. 그렇다, 오일러 직선은 쉬우면서도 복잡한 개념이다. 스위스 출신의 위대한 수학자 레온하르트 오일러 Leonhard Euler(1707~1783)의 이름을 달고 있는 것만 봐도 결코 만만히 볼 개념은 아니다!

정삼각형

> 세 변의 길이가 모두 같은 삼각형을 '정삼각형 equilateral triangle, regular triangle'이라 부른다. 이에 따라 두 정삼각형이 합동인지 아닌지를 알고 싶을 경우, 한 변의 길이만 알고 있어도 SSS 합동인지 아닌지를 쉽게 판별할 수 있다.

정삼각형으로 프랙탈 구조 만들기

'프랙탈 fractal'이란 그림의 일부를 확대할 경우 전체와 같은 모양이 되는 구조를 가리키는 말이다. 즉 오른쪽 그림에서 처럼 한 개의 커다란 정삼각형을 크기만 작아질 뿐 모양은 동일한 정삼각형으로 분할한 구조가 바로 프랙탈 구조인 것이다. 프랙탈 도형은 오래 전부터 특히 컴퓨터 전문가들의 마음을 사로잡아 왔는데, 참고로 옆 그림에처럼 원

정삼각형으로 프랙탈 도형 만들기

본 정삼각형을 4개, 9개, 16개 등으로 분열시킬 수 있다.

오교놀이*

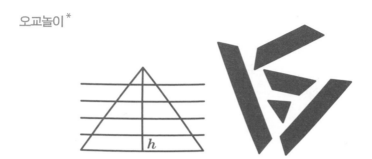

정삼각형은 프랙탈 도형을 사랑하는 컴퓨터 전문가들에게 매우 유용한 도형인 동시에, 힘든 과제를 이제 막 끝내고 머리를 식히고 싶은 학생들에게도 큰 도움을 주는 도형이다.

정삼각형을 가로로 다섯 조각 낼 경우, 위의 왼쪽 그림처럼 훌륭한 오교놀이 퍼즐이 탄생된다. 우리가 흔히 알고 있는 칠교놀이를 변형한 게임인 것이다. 물론 몇 조각으로 자르느냐에 따라 더 많은 개수의 퍼즐이 나올 수 있다. 어려운 수학 공식 때문에 머리가 지친다 싶을 때면, 혹은 수업 내용이 너무 시시해서 코웃음이 날 때면 정삼각형 퍼즐로 스트레스도 날리고 두뇌트레이닝도 해 보자!

* 오교놀이 칠교놀이를 변형했다. 정삼각형 다섯 조각으로 다양한 사물을 만들어 논다.
* 칠교놀이 중국에서 처음 시작되었으며 '지혜판'으로도 불린다. 정사각형을 일곱 조각으로 나누어 인물, 동물, 식물, 건축물 등 온갖 사물을 만들며 논다.

삼각형의 면적

> 삼각형의 면적을 구하는 공식은 '$\frac{1}{2} \cdot a \cdot h$'이다. 이때 a는 밑변을, h는 높이를 뜻한다. 이 공식을 적용하면 다각형의 면적도 구할 수 있다. 각이 몇 개가 되었든 삼각형으로 쪼갠 뒤 위 공식으로 먼저 각 삼각형의 넓이를 구하고 그 값들을 합산하면 되는 것이다.

삼각측량법

인정하건대 '삼각측량법^{triangulation}'이라는 말은 일단 위압적이다! 수학에 꽤 자신 있는 학생이라 하더라도 그 말을 들으면 덜컥 겁이 날 것이다. 하지만 삼각측량법도 알고 보면 그리 어렵지 않은 개념이다. 결국에는 평면이나 구면 위에 놓인 불규칙한 모양의 도형을 여러 개의 삼각형으로 쪼갠 뒤 전체 넓이를 알아내는 방법을 뜻할 뿐이기 때문이다.

하지만 간단하다고 해서 중요하지 않다고 생각해서는 안 된다. 삼각측량법은 특히 토지 측량 분야에서 없어서는 안 될 중요한 요소이다. 고대 이집트인들은 나일 강이 범람할 때마다 토지를 재측량, 재설정해야 했는데, 삼각측량법은 그 당시에 이미 유용하게 활용되었다. 이후 어떤 이유에서인지는 몰라도 삼각측량법이 한동안 관련 학계의 주목을 받지 못했지만, 17세기부터는 다시 토지 측량사들의 '애용품'으로 등극했다고 한다.

중세의 측량 기술자들은 특권층에 속했다?!

요즘 하루 종일 컴퓨터 앞에 앉아 CAD^{Computer Aided Design}(컴퓨터 지원 설계) 프로그램과 씨름하는 이들의 연봉은 많은 이들이 짐작하는 것보다 훨씬 낮다고 한다. 하지만 과거 측량사들의 임금과 비교하면 아마 불평이 싹 사라질 것이다. 과거 측량사들의 임금은 그야말로 터무니없고 형편없는 수준이었기 때문이다.

1818~1840년 사이, 독일 뷔르템베르크 왕국은 대규모로 토지 측량과 지도 제작에 나섰다. 그 당시로는 분명 획기적인 사업이었다. 하지만 거기에 동원된 기하학자들, 즉 측량사들의 임금은 쥐꼬리보다 더 짧았다. 거기에는 다양한 이유들이 있었는데, 가장 큰 이유는 뭐니 뭐니 해도 그 당시 측량사들이 전문가가 아니었다는 것이다.

그 시절에 동원된 측량사들은 단기간 교육을 거쳐 급조된 인력에 불과했다. 그런 만큼 보수는 낮았고, 당시 측량사들 대부분이 극빈층에 속했다. 임금은 시급이 아니라 성과급이었고, 복지 혜택 따위는 기대할 수조차 없었다. 지금으로 치자면 수많은 하청업체를 거쳐 겨우 고용되는 공사노동자쯤에 해당하는 지위였다. 본디 성과급이라는 게 실적만 좋으면 그만큼 더 많은 돈을 벌 수 있다는 장점도 지니고 있지만, 학벌이 변변치 못한 고대 측량사들에게는 해당되지 않는 말이었다. 제대로 된 교육을 받지 못한 그 측량사들에게 있어 성과급은 '죽어라 일해 봤자 내 손에 주어지는 돈은 쥐꼬리만도 못하다'는 의미일 뿐이었다. 단, 작업을 지휘하던 이들의 임금은 꽤 높았는데, 물론 그 지휘관들은 제대로 된 교육 과정을 거친 정식 측량사들이었다.

고등 교육을 받지 못한 허드레 일꾼들의 생활고는 그야말로 심각했다. 가장家長의 수입만으로는 도저히 생계 유지가 어려워 아내와 자녀들까지 생업 전선에 뛰어들어야 하는 경우가 허다했다. 그래서 온 가족이 동이 트기도 전에 각자의 직장으로 발길을 향한 뒤 땅거미가 진 뒤에야 다시금 한 자리에 모이는 경우가 일상다반사였다. 그러다 보니 그 당시 수많은 측량사들이 술에서 위안을 찾으려 들었고, 그 결과 "아이고, 저 사람, 저렇게 퍼 마시는 걸 보니 아무래도 측량사인가 봐!"라는 말이 유행어처럼 돌았다.

당시 측량사들에게 주어진 장비 역시 조잡하기 짝이 없었다. '측쇄 surveyor's chain'라 불리는 단순한 줄자가 개중 제일 훌륭한 장비일 정도였다. 참고로 측쇄로 잴 수 있는 최대 길이는 성인 남자의 신발 길이 정도(약 29㎝)에 불과했다. 하지만 그렇게 열악한 환경 하에서도 뷔르템베르크 왕국의 광활한 토지를 비교적 정확하게 측량해냈고, 그 자료가 아직도 활용되고 있다는 점을 감안하면 그저 놀라울 따름이다!

각도

각도를 측정하는 단위들

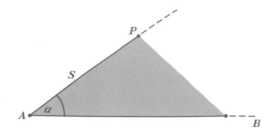

'각^{angle}'이란 동일한 점에서 출발한 두 개의 반직선의 안쪽 공간을 가리키는 말이다. 이때 그 두 개의 반직선은 '변'이라 부르고 두 변이 출발하는 공통된 지점을 '각의 꼭짓점'이라 부른다. 두 반직선이 이루는 각은 0~360° 사이이다.

한편, 반지름의 길이가 r인 어떤 원의 중심점으로부터 해당 원의 둘레까지 이어지는 직선 두 개를 그은 뒤 그 안쪽 부분을 잘라내면 부채꼴이 나온다. 부채꼴의 넓이는 각의 크기 및 반지름의 길이에 따라 달라지며 부채꼴의 두 변이 이루는 각을 중심각이라 부른다. 이때, 만약 중심각이 360°라면 원의 일부를 잘라낸 모양이 아니라 완전한 원 모양의 도형이라는 뜻이다. 나아가 90°는 '직각', 90°보다 작은 각은 '예각', 90°보다 큰 각은 '둔각', 각의 크기가 180°일 때에는 '평각'이라 부른다.

계산기 속 비밀 버튼

'공학용 계산기'라는 물건이 있다. 우리가 일상생활에서 흔히 사용하는 계산기에는 사칙연산 기능이나 기껏해야 제곱근을 구하는 기능밖에 없지만 공학용 계산기는 그보다 훨씬 더 다양한 기능을 지닌 전문가용 계산기이다. 이 공학용 계산기에는 DRG(deg, rad, gon의 첫 글자를 딴 약어) 혹은 Mode라는 글씨가 적힌 특수한 버튼이 하나 장착되어 있다. 하지만 예컨대 $\sin 30°$의 값을 구한답시고 그 버튼을 덥석 눌러 봤자 디스플레이 창에는 도저히 이해할 수 없는 복잡한 숫자들만 표시될 뿐, 우리가 원하는 값, 즉 0.5는 절대 나오지 않는다.

그 이유는 간단하다. DRG 버튼을 한 번씩 누르면서 계산기의 화면을 자세히 들여다보면 계산기의 모드가 d(eg)에서 g(gon)로, 혹은 g에서 r(rad)로 바뀌는 것을 확인할 수 있다. 즉 입력 및 계산 모드를 제대로 설정해 주어야 $\sin 30° = 0.5$라는 답을 구해낼 수 있는 것이다. 참고로 deg는 각도의 단위를 뜻하는 영어 단어 degree의 약어이다.

각도를 재는 단위로 우리는 흔히 도수(°)만 알고 있지만 그 이외에도 몇 가지가 더 있다. 그중 하나가 바로 gon이다. 우리가 일반적으로 쓰는 각도법에서는 원 한 바퀴가 $360°$이지만 gon을 이용한 측정법에서는 400gon이다. gon을 단위로 하는 이러한 측정법을 그래드법^{GRAD}이라 부르는데, 도수법에서 말하는 직각($90°$)이 그래드법에서는 100gon이 되고, $45°$는 50gon이 된다.

참고로 gon이라는 단위는 약 200년 전 프랑스에서 시작되었다고 한다. 당시 프랑스는 그때까지 널리 통용되던 십이진법을 버리고 미터법을 도입했다. 360°를 6등분하여 60분으로, 나아가 60초 등으로 나누던 방식의 밑바탕에도 십이진법(육십진법의 기반이 되었다고 볼 수 있는 기수법)이 깔려 있었는데, 그 방식에서 완전히 벗어나기 위해 gon이라는 새로운 단위를 개발한 것이었다. 하지만 gon은 각도 측정 분야에서 큰 성공을 거두지 못했고, 지금은 측량학 분야에서만이 거의 유일하게 활용되고 있는 추세이다.

계산기 속 비밀 버튼 중 세 번째 방식인 라디안법[RAD]은 원호의 길이를 활용한다고 해서 '호도법[radian]'이라고도 불리는데, 이 방식에 대해서는 제7장에서 좀 더 자세히 알아볼 예정이다.

나침반 속 각도 단위

앞서 각도를 재는 단위로 deg, gon, rad를 소개했는데, 나침반에서는 또 다른 방법들로 각도를 측정하곤 한다. 그중 하나는 예전 항해사들이 주로 사용했던 나침반에서 찾아볼 수 있는데, 그 나침반에서는 원을 32개로 분할하고, 각각의 각도를 '방위'라 불렀다. 한편, 또 다른 나침반에서는 화면을 32개가 아니라 64개로 분할하는 방식도 사용되었다.

다들 알다시피 방향 표시의 기본은 방위를 동서남북[East, West, South, North]으로 분할하는 것이다. 그리고 동서남북은 다시 북동[NE], 북서[NW], 남동[SE],

남서^{SW}로 나누어지고, 필요하다면 북북동^{NNE}, 동북동^{ENE} 등으로 더 잘게 쪼갤 수도 있다. 그뿐 아니라 북북동이나 동북동을 다시금 북동미북^{NEbN, Northeast by North}이나 북동미동^{NEbE} 등 다시 더 작은 단위로 쪼갤 수도 있다. 그렇게 동서남북으로부터 북동미북, 북동미동 등으로 방위를 계속 세분하

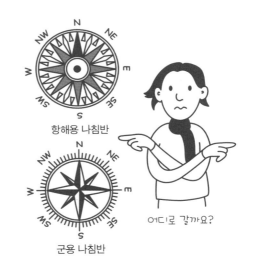

항해용 나침반

군용 나침반

어디로 갈까요?

면 총 32개의 방위가 나오고, 각 방위의 각도는 11.5°가 된다.

위에서 언급한 32개의 방위를 다시 한 번 더 분할할 경우, 64개의 각도가 나온다(이때 각 방위의 각도는 5.75°). 렌즈식 나침반이라고도 불리는 군용 나침반이 64개로 분할되어 있다. 하지만 5.75°의 각도를 지칭하는 특별한 이름은 없다. 0부터 63까지 시계방향으로 숫자가 표시되어 있을 뿐이다.

벡터

$\overline{AB}$ 와 임의의 점 P의 위치는 점 P와 점 A 간의 거리(s) 및 $\overline{AB}$와 $\overline{AP}$ 사이의 각도(α)를 이용해 구할 수 있다. 이는 SAS 합동에서 비롯된 원리인데, 점 A와 B와 P를 삼각형의 꼭짓점으로 간주할 수 있기 때문이다.

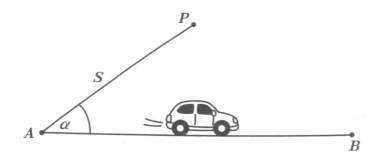

벡터의 정의

공부를 하다 보면 듣는 순간 골머리가 지끈거리는 개념들이 있다. 하지만 그 개념들 대부분은 알고 보면 그다지 복잡하지 않은 것들이다. '벡터vector'도 그런 개념들 중 하나이다. '수학 좀 한다' 하는 사람들도 벡터라는 말을 듣는 순간 움찔할 정도로 모두들 벡터를 어렵게만 여기지만, 벡터역시 알고 보면 흔히들 생각하는 것보다 훨씬 간단한 개념이다.

한 문장으로 정리하자면 벡터는 '크기와 방향 두 가지 모두를 지닌 물리량'이다. 일상생활에서 우리가 흔히 접하는 물리량들은 벡터량이 아닌 경우가 많다. 방향에 대한 언급은 없이 크기만 나타내는 경우가 많기 때문이다. 예컨대 압력이 얼마인지, 질량이 얼마인지 하는 문제는 크기에만 관련된 것일 뿐, 방향과는 전혀 관계가 없다. 하지만 벡터 개념에는 방향이라는 요소가 추가된다. 즉, 벡터량에는 반드시 방향이 포함되는 것이다. 벡터량은 화살표를 이용해 표시할 때가 많은데, 화살표의 길이와 방향이 해당 물리량의 크기와 방향이 된다.

따지고 보면 실생활에서 접하는 다양한 수치들 중 길이만으로 혹은 넓이만으로는 정확히 나타낼 수 없는 것들이 적지 않다. 방향까지 알아야 비로소 유용한 정보로 작용할 수 있는 것들 말이다. 대표적인 사례는 속도이다. 속도가 얼마인지도 물론 중요하지만 차량의 주행 방향이나 사람이 걷는 방향에 대해 알려 주지 않는다면 그 속도는 반쪽짜리 정보밖에 되지 않는다. 속도가 늘 벡터량이어야 하는 이유도 바로 거기에 있다. 어떤 지점에 언제 도착할지를 예측하기 위해서는 내가 걷는 속도나 내가 타고 있는 차량의 주행 속도도 중요하지만, 어느 방향으로 걷느냐 혹은 주행하느냐가 더더욱 중요하다. 생각해 보라, 목적지와 반대 방향으로 걷거나 달리고 있다면 속도가 빠를수록 문제는 더 심각해질 따름이다!

방향이 그다지 중요치 않을 때도 있다. 어떤 물체의 운동에너지가 얼마인지 구해야 할 때가 그러한 경우에 속한다. 다시 말해 운동에너지를 구할 때에는 굳이 물체의 이동방향까지 알아야 할 필요는 없다는 것이다.

운동에너지는 '$\frac{1}{2}$ × 질량 × 속도의 제곱'으로 구할 수 있다.

$$E_{운동} = \frac{1}{2}mv^2$$

질량과 속도만 알면 될 뿐, 방향값이라는 벡터량($\vec{v}$, 벡터량 위에는 이렇듯 화살표가 첨가되는 경우가 대부분이다)은 알 필요가 전혀 없다. 물론 그럼에도 불구하고 해당 운동에너지에 대해 벡터량, 즉 방향값이 존재하지 않는 것은 아니다. 어느 방향으로든 분명 이동하고 있으니 말이다. 하지만 단순히 운동에너지가 얼마인지를 구해야만 하는 상황이라면 굳이 방향까지 알 필요는 없다.

벡터량의 덧셈과 선박의 위치 파악

벡터량은 간단한 그림을 이용해서 연산할 수도 있다. 한 개의 벡터값과 또 다른 벡터값을 더하는 방법에는 여러 가지가 있는데, 그중 하나가 그림을 통해 두 개의 값을 더하는 방식이다. 참고로 이 방식은 항해사들이 해도 상에서 선박의 위치를 파악할 때에도 즐겨 사용하던 방법이다.

그 방식 역시 매우 간단하다. 먼저 항해용 나침반을 이용해 선박의 항로를 확인한 뒤, 다음으로 알려진 어떤 지점을 기준으로 항로를 긋기만 하면 해당 지점에 대한 기하학적 자취와 벡터의 방향까지 알아낼 수 있다. 단, 그러기 위해서는 해도 상에 또 하나의 선분을 그어야 하는데, 지금까지의 항로가 바로 그 두 번째 선분이 되고, 나아가 두 번째 선분이 곧 벡터량이 된다.

한편, 항해사들은 '선속지시기^{speed log}'라는 도구를 이용해 선박의 항해 속도를 체크하기도 하는데, 거기에서 도출된 선박의 항해 속도에 지금까지 항해한 시간을 곱해서 항해거리도 구할 수 있다($s = v \cdot t$). 고성능 선속지시기들은 자동차의 주행거리 표시계처럼 선박의 항해거리를 실시간으로 보여 주기도 한다. 이때, 선박의 항해거리를 나침반에 입력하고, 선박의 예전 위치에서 그 거리만큼을 빼면 벡터값이 나오는데, 그 값이 곧 제2의 기하학적 자취가 되며, 이로써 선박의 새로운 위치, 즉 현재 위치까지 파악할 수 있다. 즉 직선(선박의 진행 방향)과 곡선(속도)이 서로 만나는 지점이 바로 선박의 현재 위치가 되는 것이다. 그 지점으로부터 다시 선박의 항로와 항해 거리를 산출하는 과정을 반복하면, 다시 말해 선박의 벡터값을 측정하면 선박의 현재 위치를 끊임없이 새로이 파악할 수 있다.

그런데 이렇게 선박의 진행 방향과 속도를 연계시켜 현재 위치를 파악하는 방식이 늘 정확하다고는 할 수 없다. 나침반 자체의 오류나 바람, 조류 등에 의한 오차를 교정한다 하더라도 정확한 수치가 나온다고 보장할 수는 없다. 보다 정확한 위치를 파악하기 위해서는 교차방위법 등을 이용하는 수밖에 없다. 참고로 오늘날 널리 통용되고 있는 GPS 방식 역시 교차방위법에 근거한 방식이다.

공간 속 벡터

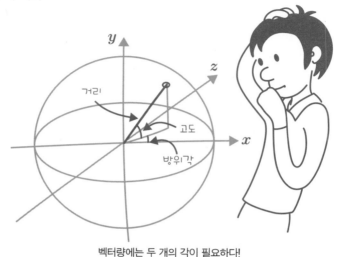

벡터량에는 두 개의 각이 필요하다!

평면에서는 벡터량을 한 개의 각과 거리로 규정할 수 있지만, 입체 공간이라면 이야기가 달라진다. 입체 공간에서 벡터량을 구하기 위해서는 각도값이 하나 더 필요하다. 이때 평면상의 각도는 '방위각 ^{azimuth}', 또 다른 각도, 즉 입체상의 각도는 '고도^{elevation}'라 불린다.

벡터량과 좌표평면

공간 속 모든 지점은 벡터값으로 나타낼 수 있다. 좌표평면의 원점 ($x=0$, $y=0$)과 해당 지점을 잇는 화살표가 바로 벡터량이 되는 것이다.

48

벡터량과 기하학적 자취

벡터량은 두 개의 기하학적 자취를 포함하고 있는 어떤 지점의 물리량이라고도 할 수 있는데, 이때 원점을 중심점으로 하는 어떤 원의 반지름이 벡터량이 되고, 해당 원점에서 뻗어나가는 직선이 벡터의 방향을 의미한다.

2. 좌표

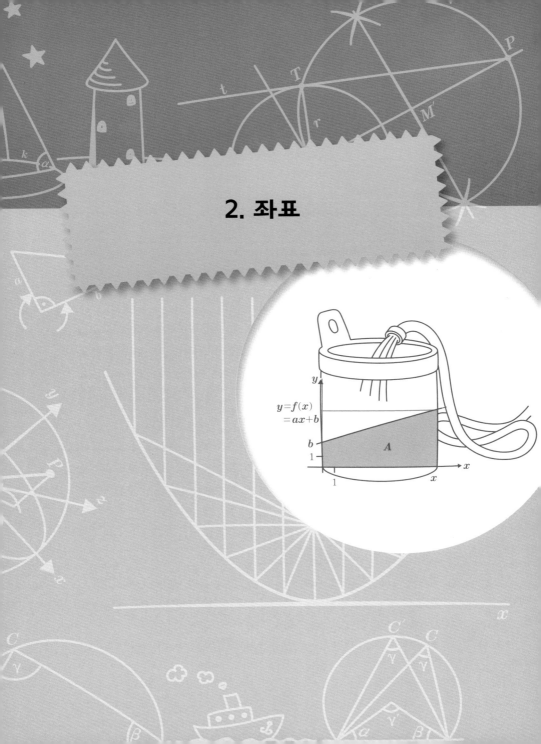

$y = f(x)$
$= ax + b$

b

1

A

y

x

1 x

좌표

좌표평면 (카테시안 좌표계)

'**좌표계** coordinate system'란 가로축(x축)과 세로축(y축)이 영점($x = 0$, $y = 0$)(원점과 같은 말)에서 직각으로 만나는 구조를 가리키는 말이다. 좌표를 이용하면 여러 숫자들 간의 관계를 정의할 수 있다. 특히 함수방정식을 풀 때 이 방식은 매우 유용한데, 미지수들 사이의 대응관계를 알아내는 것이 바로 함수의 본질이기 때문이다. 물론 도표나 함수방정식이 아니라 좌표면에 점을 찍어서 숫자들 간의 대응관계를 표시할 수도 있는데, 이 방법은 함수방정식의 의미를 시각적으로 확인할 수 있다는 점에서 큰 의미를 지닌다.

그렇다, 앞서도 말했듯 함수란 숫자들 간의 대응관계를 표시하는 도구이다. 예컨대 미지수 x와 미지수 y의 관계를 $y = \frac{1}{2}x$라는 공식으로 표현한 것이 바로 함수인 것이다.

좌표평면은 '**직교좌표계** Cartesian coordinate system'라고도 하며 미지수 x의 값들을 x축에 표시하고 y의 함숫값들을 y축에 표시해 그 둘 사이의 교점을 찾아낼 수 있다. 그렇게 계속 여러 개의 교점을 찾아 나가면 함수 그래프도 그릴 수 있다. 참고로 일차함수의 경우에는 두 개의 교점만으로도 원하는 그래프를 구할 수 있다.

좌표평면(카테시안 좌표계)

우리가 학교에서 배우는 좌표계는 수많은 좌표계들 중 하나일 뿐이다. 그 외에도 원통좌표계, 구면좌표계 등 다양한 좌표계가 존재한다. 수학 시간에 배우는 좌표계는 대개 '좌표평면$^{\text{rectangular coordinate system}}$'이라 불리는 것으로, 수직으로 만나는 두 개의 축(x축과 y축) 위에 x값과 y값을 표시한 뒤, 그 두 점의 교점을 구하고, 나아가 원점으로부터 교점까지의 거리를 평면 공간 위에 표시하는 좌표이다.

좌표평면은 카테시안 좌표계라고도 불리는데, 프랑스가 낳은 위대한 수학자이자 철학자, 과학자인 르네 데카르트$^{\text{René Decartes}}$(1596~1650)의 이름을 딴 것이다. 그 당시 관련 학자들 사이에서 데카르트가 '카테시우스'로 불리던 것에서 파생된 이름으로, '나는 생각한다, 고로 존재한다$^{\text{Cogito ergo sum}}$'라는 위대한 명언 역시 그가 남긴 말이다.

좌표축의 개수

좌표평면은 보통 세 개의 축으로 구성된다($x-y-z$축). 하지만 상상력을 조금만 더 발휘하면 축이 네 개 혹은 다섯 개인 좌표계도 그려볼 수 있다. 기계나 공학 분야에서는 네 개 이상의 좌표계를 반드시 그려야 하는 경우도 적지 않다. 감안해야 할 요소가 네 개 혹은 그 이상인 경우가 바로 이에 해당된다. 예컨대 어떤 설비 내부에 가스가 흐르고 있을 경우, 해당 설비의 정밀한 설계나 정확한 작동을 위해서는 가스의 압력, 온도, 밀도,

유속 등을 모두 고려해야 하는 것이다.

극좌표계

좌표계의 종류를 살펴보다 보면 '극좌표계^{polar coordinate}'도 만나게 되는
데, 극좌표계에 관한 이야기는 앞선 장에서 이미 언급된 바 있다. 극좌표
계란 달리 말해 한 개의 각도(평면의 경우) 혹은 두 개의 각도(삼차원 공간의
경우)와 거리로 규명되는 어떤 한 지점을 의미하고, 그런 의미에서 극좌표
계가 곧 벡터량이라 할 수 있기 때문이다.

극좌표계를 이용하면 별의 위치도 파악할 수 있다. 그런데 이때, 별과
지구의 거리보다 각도가 더 중요할 수 있다. 많은 천문학자들이 해당 각
도를 기준으로 지구상으
로부터 천구(가상의 원)을
하나 그린 뒤 그 가상의
원 위에 자신이 앉아 있
는 모습을 떠올리며 별의
위치를 상상한다고 한다.

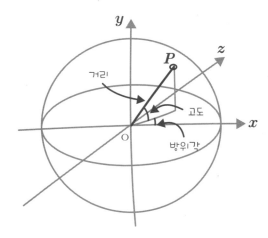

구면극 좌표계를 이용한 지평좌표계

좌표계 변환

극좌표계를 카테시안 좌표계로 변환할 수 있고, 반대로 카테시안 좌표계를 극좌표계로 변환할 수도 있다. 극좌표를 이용해 하나의 축 위에 임의의 점을 찍은 뒤 해당 지점의 카테시안 좌표점을 측정할 수도 있기 때문이다. 그 반대도 가능하다. 카테시안 좌표점을 변환해 극좌표계 위에도 표시할 수 있는 것이다. 단, 그러자면 약간의 계산 과정을 거쳐야 한다.

하지만 그 과정은 그리 어렵지 않다. 왼쪽 그림에서 보듯 원점과 점 P 간의 거리는 직각삼각형의 빗변(s)이고, 그 빗변과 인접한 한 개의 변은 점 P의 x축 상에 놓여 있으며, 인접한 나머지 한 개의 변은 점 P의 y축 위에 놓여 있다. 즉, '$x_p = s\cos\alpha$, $y_p = s\sin\alpha$'라는 공식에 따라 카테시안 좌표계를 도출할 수 있는 것이다.

ASA 합동과 좌표계 변환

그런데 알고 보면 위에서 언급한 원리도 결국 삼각형의 ASA 합동과 일맥상통한다. α와 s가 결국 하나의 각도와 변을 의미하기 때문이다. 왼쪽 그림 속 삼각형은 직각삼각형이라 했으니, 점 P가 끼고 있는 각이 얼마인지도 쉽게 알 수 있다. 삼각형의 내각의 합이 항상 $180°$이고, 지금 우리가 다루고 있는 삼각형이 직각삼각형이기 때문이다. 즉 '$180° - 90° - \alpha$'를 적용하면 그 값이 산출되는 것이다.

벡터의 분해와 조합

극좌표계를 카테시안 좌표계로 변환하는 과정은 벡터를 분해하는 과정이라 할 수 있다. 모든 벡터량은 x축과 y축 방향으로 분해할 수 있다. 이때, 위치벡터가 아니라 공간벡터라면, 다시 말해 2차원 벡터가 아니라 3차원 벡터라면 거기에 z축이 더해져야 한다.

수학에서는 '그릴 수 있는 모든 것들은 계산도 할 수 있다'고 말한다. 벡터도 예외는 아니다. 계산을 통해 한 개의 벡터를 두 개로 나눌 수 있을 뿐 아니라 두 개의 벡터를 하나로 합칠 수도 있다. 그러기 위해서는 우선 벡터량을 성분별로 분해해야 한다. 그런 다음 다시 합산하면 두세 개의 합산된 벡터량, 즉 우리가 원하는 최종 좌표가 도출된다.

제1장에서 선박의 위치를 파악하기 위해 교차방위법을 활용한다고 소개했던 적이 있는데, 위 수치들을 활용하면 오로지 계산만으로 선박의 위치를 파악할 수 있다. 하지만 미리 경고하건대 그 과정은 결코 간단하지 않다. 그 이유는 지구가 이차원의 평면이 아니라 삼차원의 구면이며 항해사들이 주로 이용하는 해도는 삼차원 공간을 '다리미로 납작하게 다려서 만든' 이차원의 지도이기 때문이다.

함수

함수와 적분

'함수^{function}'란 한 개 혹은 여러 개의 집합을 구성하는 원소 두 개 사이의 대응관계를 나타내는 도구이다. 즉 X와 Y라는 두 집합에서 X의 각 원소가 Y의 각 원소에 하나씩 대응되는 관계를 나타낸 것이 바로 함수이다. 예컨대 $f(x) = x^2$, 혹은 $y = x^2$이라는 함수의 경우, 실수인 모든 원소들이 정확히 한 개의 제곱수에 대응되는데, 이 함수는 매우 특별한 형태의 대응관계라 할 수 있다.

한편 $y = f(x)$라는 함수는 직교좌표계로도 나타낼 수 있다. x좌표와 y좌표가 만나는 지점들을 좌표면 위에 표시한 뒤 그 점들을 이으면 된다. 그렇게 점들을 이어서 만들어낸 선을 '함수 그래프'라 부른다.

$f(x) = ax + b$라는 형태의 함수는 '선형함수'이다. 선형함수는 일차함수라고도 부르는데, $f(x) = ax + b$에서 a는 기울기, b는 'y절편'^{intercept}이 된다. 이때, 직각과 연결된 가로변 x(밑변)와 직각을 낀 세로변 ax(높이)을 포함하는 삼각형은 상승하는 형태의 직각삼각형이다.

평균값을 이용해 함수 그래프 아래쪽의 넓이 구하기

어떤 값 x와 관련된 사다리꼴 하나를 그려 보자. 그 사다리꼴을 그리려면 x와 $f(x)=ax+b$에서 도출된 함수 그래프가 필요하다. 나아가 y절편인 b, 주어진 숫자 x에 대한 함숫값 y도 필요하고, 이에 따른 넓이 A는 다음 공식으로 구할 수 있다.

$$A=\frac{b+y}{2}x$$

위 공식이 도출된 과정은 그림을 이용해 설명할 수 있다. y축에 가로로 가상의 선을 하나 그은 뒤 가상의 삼각형을 이용해서 사다리꼴 A의 면적을 구하는 것이다. 이때 y절편 b와 y값을 더한 뒤 2

드럼통에 유입되는 물의 양과 유입 속도 구하기

로 나누고 그 평균값을 가로축의 길이인 x와 곱해주면 원하는 넓이를 구할 수 있다. 이러한 공식을 이용하면 예컨대 유속이 상승할 경우, 일정 시간 내에 특정 용기에 얼마큼의 물이 유입되는지를 알아낼 수 있다.

예를 들어 유속이 처음에는 1초당 2리터($t_0=0$일 때 $2\,\text{l/s}$)였다가 20초 후에는 1초당 5리터($t_1=20$이면 $5\,\text{l/s}$)로 증가한다고 가정해 보자. 이 경우 20초 후 드럼통 안에는 얼마만큼의 물이 차게 될까?

그렇다, 위 두 수치를 더한 뒤 평균값을 구함으로써 사다리꼴의 면적, 즉 물의 양을 정확히 계산할 수 있다.

적분과 함수

$f(x) = ax + b$의 함수 그래프 아래쪽의 넓이를 구하는 과정은 가장 간단한 형태의 적분 계산으로도 가능하다. '적분 integral'은 함수의 계산 방식을 가리키는 말로써, 적분 공식에서는 '인테그랄'($\int$)이라는 기호를 사용한다. 사실 인테그랄이라는 말만 들어도 무시무시한 공식부터 떠올리며 겁먹는 학생들이 많은데, 그 뒤에 숨은 원리는 그다지 무시무시하지 않다. 물론 고등학생이 되면 직선적분뿐 아니라 다양한 곡선에 관한 적분 계산도 배워야 하고, 그 계산은 솔직히 말해서 조금 복잡하고 어렵다. 하지만 적분의 가장 밑바탕이 되는 기본 원리는 앞서 사다리꼴의 면적을 구하는 과정과 동일하다.

간단한 적분 사례

위 사례에서 물의 유입량이 시간이 지남에 따라 일정한 비율로 증가하는 경우, 일정 시간이 흐른 뒤 드럼통 안에 얼마큼의 물이 차는지를 구하기 위해서는 $f(x) = ax + b$라는 공식을 적분해야 했다. 함수 그래프 아래쪽의 넓이를 구하기 위해 적분 과정을 거쳐야 했던 것이다. 그 원칙은 일정한 비례의 가속도를 지닌 다른 운동들에 대해서도 적용된다. 이동거리가 속도와 시간에 비례하는 것이다($v=at$). 예컨대 보행 속도를 일정 비례로 증가시키면서 걸을 경우, 일정한 시간 내에 얼마큼의 거리를 걸을 수 있는지를 계산할 때에도 적분 과정을 거쳐야 한다. 이때 필요한 적분 공식은 다음과 같다. 참고로 다음 공식에서 dt는 t축 위에 있는 숫자들을 적분한다는 표시이다.

$$s = \int_{t_0}^{t_1} at\, dt$$

위 수식을 풀면 $s = \frac{1}{2}(t_1 - t_0) \cdot v_1$이라는 공식이 나온다. 이때 $t_0 = 0$이므로 해당 수식을 $s = \frac{1}{2} t_1 \cdot v_1$이라는 수식으로 정리할 수 있다. 그리고 t라는 시간 동안 a라는 가속도로 걷거나 뛰었을 때의 이동거리는 $v_1 = t_1 \cdot a$이므로, 결국 $s = \frac{1}{2} t_1 \cdot t_1 \cdot a$가 되고, 이를 다시 정리하면 $s = \frac{1}{2} a \cdot t^2$이 된다.

운동에너지 공식

물리 시간에 배워서 익히 알고 있듯 일의 양은 힘과 이동거리의 곱이다($w=fs$). 예컨대 v라는 속도로 움직이면서 질량이 m인 물체가 있다고 가정해 보자. 이 경우, 해당 물체가 지닌 운동에너지 w는 s만큼의 거리를 f만큼의 힘으로 이동시킬 때 필요한 일의 양과 동일하다(이때 물체의 가속도는 a가 되어야 한다). 이 원칙은 공식을 이용하면 쉽게 확인할 수 있다. f(힘)라는 값을 이용해 두 공식을 비교해 보자. 이때, 첫 번째 공식의 좌변은 힘과 이동거리의 곱(fs)이고, 두 번째 공식의 좌변은 운동에너지 ($E=fs$)가 된다.

$$sf = \frac{1}{2} fat^2$$

$$E_{운동} = \frac{1}{2} fat^2$$

이 책을 읽고 있는 독자들 대부분은 물리 시간에 힘은 질량에 가속도를 곱한 값($f=ma$)이라는 사실도 이미 배웠을 것으로 추측된다. 이에 따라 위 공식 중 두 번째 공식을 다음과 같이 변환할 수 있다.

$$E_{운동} = \frac{1}{2} maat^2$$

위 공식은 또 다음과 같이 정리된다.

$$E_{운동} = \frac{1}{2} ma^2t^2$$

잘 알려져 있듯 속도는 이동거리 나누기 시간이다$\left(a = \frac{v}{t} \right)$. 이에 따라 위 공식에서 a를 $\frac{v}{t}$로 대체할 수 있고, 나아가 '번분수인 경우, 그 분모를 원래 공식의 분모로 이동시킬 수 있다'는 법칙에 따라 t^2를 2 옆으로 옮길 수도 있다. 그 과정을 거치고 나면 아래와 같은 공식이 나온다.

$$E_{운동} = \frac{mv^2t^2}{2t^2}$$

이때 t^2은 약분이 가능해 질량과 속도의 제곱을 곱한 뒤 반으로 나누면 유명한 운동에너지 공식이 탄생된다!

$$E_{운동} = \frac{1}{2}mv^2$$

참고로 지금도 위 공식은 '범우주적으로' 통용되고 있다. 즉 국적을 불문하고 모든 학자들이 어떤 물체의 운동에너지를 구할 때면 위 공식을 이용하고 있는 것이다.

3. 소수

소수

소수의 개수

> '소수 prime number'란 1과 자기 자신으로만 나누어떨어지는 양의 정수를 뜻한다.

소수는 수많은 신기한 특징들을 한 몸에 안고 있는 매우 흥미로운 숫자이다. 고대 수학자들도 이미 소수의 매력에 푹 빠져 있을 정도였다. 우선 100 이하의 소수부터 한번 살펴보자.

2, 3, 5, 7, 11, 13, 17, 19, 23, 29, 31, 37, 41, 43, 47, 53, 59, 61, 67, 71, 79, 83, 89, 97

이쯤 되면 누구나 숫자가 높아질수록 소수의 개수가 줄어드는지 아닌지, 나아가 '맨 마지막 소수'는 과연 얼마인지가 알고 싶어질 것이다. 즉, 소수에 한계가 있는지 끊임없이 이어지는지 알고 싶어지는 것이다. 고대 수학자들도 예외는 아니었다. 실제로 그 당시 많은 수학자들이 소수의 개수나 한계에 대해 고민에 고민을 거듭했다. 그리스 알렉산드리아 출신의 수학자 유클리드^{Euclid}(BC 360~280년경)도 그중 한 명이었다. 그렇다, '유클리드의 기하학'으로 유명한 바로 그 유클리드가 소수에도 깊은 관심을 가졌던 것이다. 그 과정에서 유클리드는 소수의 유한성 증명에 성공했다. 이때 유클리드는 '예컨대 숫자 x가 2와 3과 5의 곱으로 이루어져 있다고 가정할 때($x = 2 \times 3 \times 5$), 거기에 숫자 1을 더하면 31은 절대 2나 3이나 5로 나누어떨어지지 않는다'는 점에 주목했다. 예를 들어 $x = 30(x = 2 \times 3 \times 5)$이고, 거기에 1을 더할 경우, 31은 결코 30의 인수로 나누어떨어질 수 없다는 사실에 착안해 소수의 유한성을 증명해낸 것이었다.

그 내용을 좀 더 자세히 이해하기 위해 우선 소수가 유한하다고 가정해 보자. 소수를 계속 나열하다 보면 언젠가는 끝이 나온다고 가정하는 것이다. 그 마지막 소수, 즉 최대 소수를 P_{max}라고 하자. 그런 다음 2부터 P_{max}까지의 소수를 모두 곱하고, 거기에 1을 더해 보자. 다음으로 그 숫자를 소수로 나누면 어떤 결과가 나올까? 그렇다, $P_{max} + 1$은 그 어떤 소수로도 나누어떨어지지 않는다. 그 말은 곧 $P_{max} + 1$은 소수가 아니라는 의미이다. $P_{max} + 1$이 P_{max}보다 더 큰 소수들의 곱일 가능성은 희박한 정도라 아니라 아예 전무하다!

에라토스테네스의 체

소수를 찾아내기 위한 가장 단순한 방법은 홀수들을 차례대로 조사해 보는 것이다. 1과 자기 자신이 아닌 숫자로 나누어떨어지는지 여부를 확인해 보면 되는 것이다. 하지만 그 방법은 시간을 너무 많이 잡아먹는다. 진정한 수학자라면 결코 용납할 수 없는 '무식한 중노동'인 것이다.

다행히 그보다 훨씬 더 간단하면서도 '우아한' 방법, 즉 약간의 두뇌 회전과 수학적 창의성을 발휘해 소수를 걸러내는 방법이 이미 개발되어 있다. 그 방식은 키레네 출신의 수학자 겸 지리학자인 에라토스테네스(CB 275~194년경)의 이름을 따 '에라토스테네스의 체 Eratosthenes' sieve'라고 불린다.

그런데 실제로 에라토스테네스가 그 방식을 최초로 고안한 것은 아니었다. 에라토스테네스 이전의 수학자들이 이미 그 방식을 고안해냈고, 에라토스테네스는 해당 방식에 '체'라는 명칭을 붙여 주었을 뿐이다.

에라토스테네스의 체 방식은 말 그대로 '체를 치듯' 숫자들을 걸러내서 소수만 색출해내는 방식이다. 그러기 위해 특정 숫자 이하의 자연수들 중 홀수들을 죽 나열한다(여기에서 1은 제외됨). 그런 다음 거기에 적힌 숫자의 배수들을 차례로 대입해서 걸러낸다. 이때 해당 배수 자체는 걸러내기 작업에서 제외된다. 즉, 아래 사례에서처럼 31 이하의 홀수들 중 먼저 3을 제외한 3의 배수들을 지우고, 다음으로 5를 제외한 5의 배수, 7을 제외한 7의 배수 등을 지워 나가는 것이다.

31 이하의 숫자들 중 소수 찾아내기

검사 대상 숫자들: 3, 5, 7, 9, 11, 13, 15, 17, 19, 21, 23, 25, 27, 29, 31

3의 배수 지우기: 3, 5, 7, 9̸, 11, 13, 1̸5̸, 17, 19, 2̸1̸, 23, 25, 2̸7̸, 29, 31

5의 배수 지우기: 3, 5, 7, 9̸, 11, 13, 1̸5̸, 17, 19, 2̸1̸, 23, 2̸5̸, 2̸7̸, 29, 31

이제 7의 배수를 걸러낼 차례인데, 31 이하의 홀수들 중 7의 배수는 7과 21밖에 없다. 그중 7은 걸러내기 작업에서 제외된다고 했다. 해당 배수 자체는 걸러내기 작업에서 제외되는 것이다. 21은 이미 3의 배수를 걸러내는 작업에서 제거되었다. 나아가 9의 배수는 걸러낼 필요가 없다. 9가 3의 배수이므로 이미 3의 배수를 지우는 과정에서 9의 배수도 모두 지워졌기 때문이다. 11의 배수를 걸러 내는 작업 역시 매우 간단하다. 2 × 11 = 22, 3 × 11 = 33인데, 22는 짝수이니 위 목록에 포함되어 있지 않고, 33 역시 31을 초과하는 숫자이니 위 목록에 들어 있지 않기 때문이다. 이렇게 해서 31 이하의 숫자들 중 소수를 색출하는 작업이 성공적으로 마무리되었다.

특정 숫자 이하의 숫자들 중 소수만 골라내기 위한 방법에는 여러 가지가 있지만 에라토스테네스의 체만큼 간단하고 효율적인 방법은 없다. 게다가 거기에는 상한선도 존재하지 않는다. 즉 위 사례에서는 31이라는 비교적 작은 숫자를 상한선으로 잡았지만, 그보다 훨씬 더 큰 수를 기준으로 선택한 뒤 그 이하의 소수를 찾아낼 수도 있다는 것이다. 게다가 컴퓨터를 이용할 경우, 매우 짧은 시간 안에 원하는 작업을 끝낼 수 있다.

쌍둥이소수

100 이하의 소수를 나열하면 다음과 같다.

2, 3, 5, 7, 11, 13, 17, 19, 23, 29, 31, 37, 41, 43, 47, 53, 59, 61, 67, 71, 79, 83, 89, 97

이 숫자들을 자세히 들여다보면 3과 5, 5와 7, 11과 13, 17과 19에서 처럼 두 수의 차이가 정확히 2가 되는 경우가 적지 않다는 사실이 눈에 들어올 것이다. 이러한 한 쌍의 소수들을 수학에서는 '쌍둥이소수twin prime' 이라 부른다. 쌍둥이소수란 두 수의 차가 정확히 2인 소수의 쌍을 가리키는 말이다. 참고로 쌍둥이소수라는 이름은 독일의 수학자 파울 슈태켈Paul Stäckel(1862~1919)이 명명한 것이라 한다.

쌍둥이소수는 유한할까 무한할까?

소수와 마찬가지로 쌍둥이소수 역시 숫자가 커질수록 점점 더 출현빈도가 낮아진다. 그렇다면 혹시 쌍둥이소수는 일반적 소수와는 달리 유한한 것이 아닐까? 어느 시점부터는 쌍둥이소수를 찾아볼 수 없게 되는 것은 아닐까?

이 질문에 대한 확답은 아직 나오지 않았다. 가장 큰 쌍둥이소수를 찾아내기 위해 수많은 수학자들이 노력했지만, 시간이 지나면 그보다 더 큰 소수가 나온 적이 여러 차례 있기 때문에, 아직은 쌍둥이소수가 유한하다고 단정 지을 수는 없는 상황이다.

메르센 수

가장 큰 쌍둥이소수뿐 아니라 가장 큰 일반 소수를 찾아내는 문제를 둘러싼 수학자들의 경쟁도 치열하다. 잊을 만하면 누군가가 가장 큰 소수를 계산해냈다며 자신의 업적을 자랑스럽게 발표하는 것이다. 그렇게 발표된 숫자들 대부분은 이른바 '메르센 수$^{\text{Mersenne number}}$'이다. 메르센 수란 2의 거듭제곱에서 1을 뺀 숫자($2^n - 1$)를 뜻한다.

페르마 수는 모두 다 소수이다?

다음 공식을 만족시키는 숫자들을 '페르마 수$^{\text{Fermat number}}$'라 부른다. 프랑스가 낳은 위대한 수학자 피에르 드 페르마$^{\text{Pierre de Fermat}}$ (1601 ~ 1665)의 이름을 딴 것이다.

$$f_n = 2^{(2n)} + 1$$

이때 $n \in \mathrm{IN}_0$

페르마 숫자를 작은 것부터 다섯 개만 나열하자면 다음과 같다.

$$f_0 = 2^{(2^0)} + 1 = 2^1 + 1 = 3$$
$$f_1 = 2^{(2^1)} + 1 = 2^2 + 1 = 5$$
$$f_2 = 2^{(2^2)} + 1 = 2^4 + 1 = 17$$
$$f_3 = 2^{(2^3)} + 1 = 2^8 + 1 = 257$$
$$f_4 = 2^{(2^4)} + 1 = 2^{16} + 1 = 65,537$$

그런데 페르마 자신은 최초 다섯 개의 수뿐 아니라 모든 페르마 수가 소수일 것이라 믿었다. 하지만 1732년, 스위스의 위대한 수학자 레온하르트 오일러가 여섯 번째 페르마 수인 4,294,967,297이 641로 나누어떨어진다는 사실을 밝혀냈다.

이에 따라 오늘날 수학자들은 최초 다섯 개의 페르마 수만이 소수라 믿고 있다. 하지만 그 역시 아직까지 확실히 입증되지는 않았다. 따라서 페르마 수와 소수의 상관관계는 쌍둥이소수의 유한성과 더불어 앞으로 수학자들이 풀어야 할 과제로 남아 있다.

소인수

소인수의 정의

> 소수가 아닌 모든 자연수는 그 수를 소수들의 곱으로 표현할 수 있는 방법이
> 하나이며 그 곱셈식에 사용된 숫자들을 '소인수prime factor'라 부른다.

산술의 기본 정리

앞서 '소수가 아닌 모든 자연수들은 소수의 곱으로 나타낼 수 있다'고
했다. 즉 자연수 중 소수가 아닌 합성수들은 소인수로 분해할 수 있다는
뜻이다. 그런데 거기에 약간의 문제가 있다. 보다 정확한 설명을 하기 위
해서는 '소수가 아닌 모든 자연수들은 항의 순서를 바꾸는 경우만 제외
하면 결국 유한한 개수의 소수의 곱으로 유일하게 표현된다'라고 해야
만 하는 것이다. 참고로 이 원칙을 수학에서는 '산술의 기본정리fundamental
theorem of arithmetic' 혹은 '소인수분해의 유일성 정리unique prime factorization
theorem'라고 부른다.

1이 소수가 아닌 이유

1은 1과 자기 자신으로만 나누어떨어지는 숫자이다. 그렇게 볼 때 1도 소수가 되어야 마땅할 것 같다. 하지만 1은 소수가 아니다. 이쯤에서 소수의 정의를 다시 한 번 확인해 보자면, 소수란 '1보다 큰 자연수들 중 1과 자기 자신만으로 나누어떨어지는 숫자들'이다. 그런데 '1보다 큰'이라는 수식어는 대체 왜 붙었을까? 그 이유는 생각보다 간단하다. 숫자 1은 '1과 자기 자신'이라는 조건을 만족시키지 않는다. 1이 곧 자기 자신이기 때문이다. 하지만 그렇다 하더라도 1이 곧 자기 자신이라는 사실이 왜 문제가 되는지 쉽게

누가 소시지를 만들고 누가 구웠는지는 중요치 않다! 중요한 것 오직 맛이 있어야 한다는 것뿐!

이해가 가지 않는다. 예를 들어 정육점 주인이 고깃집 주방장일 수도 있다. 자신이 직접 만든 소시지를 직접 구워 손님들 식탁에 내놓는 것이 안 될 이유가 없다는 것이다.

그런데 1이 소수가 될 수 없다는 것에 대한 보다 설득력 있는 설명이 있다. 만약 1이 소수일 경우, 숫자 30을 소인수분해하면 그 답은 무한해진

다. 즉 $2 \times 3 \times 5$도 답이 될 수 있고, $1 \times 2 \times 3 \times 5$도 답이 될 수 있고, $1 \times 1 \times 2 \times 3 \times 5$……도 답이 될 수 있다!

이는 앞서 나온 산술의 기본정리, 즉 소인수 분해의 유일성 정리에 위배된다. 방금 봤듯 1을 소수로 인정할 경우, 모든 숫자들을 소인수분해할 수 있고, 나아가 그 방법 역시 단 한 개가 아니라 여러 가지가 나온다. 1만 계속 곱해 나가면 끊임없이 소인수분해를 할 수 있는 것이다. 그런 고로 1은 소수에 포함될 수 없다! 쉽게 말해 '안 되는 건 안 되는 것'이다!

참고로 이 책의 제목이 '선생님도 놀라게 하는 수학'인데, 정말 선생님의 입이 딱 벌어지게 만들 수 있는 질문 하나를 가르쳐 주겠다. '1이 대체 왜 숫자에 포함되어야 하는가?'라는 질문이 바로 그것이다. 모두들 알다시피 어떤 수에 1이 아닌 다른 숫자를 곱하면 원래의 수는 값이 커진다. 하지만 어떤 수에 1을 곱하면 원래의 수는 전혀 변하지 않는다. 그럼에도 불구하고 과연 1을 숫자라 불러야 할까?

참고로 0을 수의 개념에서 제외시켜야 한다는 주장은 지금도 잊을 만하면 한 번씩 수면 위로 떠오르고 있다. 물론 0의 성질은 1과는 전혀 다르다. 1은 원래 수의 가치를 그대로 유지시키는 특징을 지닌 반면, 0은 원래 수를 완전히 '짜부라뜨려 버리는' 숫자이다. 즉, 어떤 수이든 0을 곱하는 순간, 그 숫자의 값은 0이 되고 마는 것이다!

4. 제곱근

제곱수

제곱수

제곱수는 어떤 수에다가 자기 자신을 곱한 값을 의미한다. x에 x를 곱한 값, 즉 x^2이 x의 제곱수인 것이다. 이에 따라 자연수 n에 대한 제곱수(n^2)를 구하는 공식은 $n \times n = n^2$이 된다.

볼수록 알쏭달쏭한 제곱수

어떤 수의 제곱수(n^2)는 n개의 홀수들을 합한 것과 같다(이때 해당 홀수들은 1부터 시작)! 이 원리를 발견한 사람이 누구인지는 알 수 없지만, 신기하고도 유용한 원리라는 데에는 의심의 여지가 없다. 자, 지금부터 이와 관련된 몇 가지 예제들을 차례대로 살펴보자.

예제 1 :

$2^2 = 4$이고 $1 + 3 = 4$이다(밑수가 2이므로 두 개의 홀수를 합산함).

$3^2 = 9$이고 $1 + 3 + 5 = 9$이다(밑수가 3이므로 세 개의 홀수를 합산함).

$4^2 = 16$이고 $1 + 3 + 5 + 7 = 16$이다

(밑수가 4이므로 네 개의 홀수를 합산함).

$5^2 = 25$이고 $1 + 3 + 5 + 7 + 9 = 25$이다

(밑수가 5이므로 다섯 개의 홀수를 합산함).

$6^2 = 36$이고 $1 + 3 + 5 + 7 + 9 + 11 = 36$이다

(밑수가 6이므로 여섯 개의 홀수를 합산함).

$7^2 = 49$이고 $1 + 3 + 5 + 7 + 9 + 11 + 13 = 49$이다

(밑수가 7이므로 일곱 개의 홀수를 합산함).

$8^2 = 64$이고 $1 + 3 + 5 + 7 + 9 + 11 + 13 + 15 = 64$이다

(밑수가 8이므로 여덟 개의 홀수를 합산함).

$9^2 = 81$이고 $1 + 3 + 5 + 7 + 9 + 11 + 13 + 15 + 17 = 81$이다

(밑수가 9이므로 아홉 개의 홀수를 합산함).

이러한 연관관계를 잘 활용하면 특정 제곱수(n^2)에 이어지는 다음 제곱수($n+1$)^{2}도 쉽게 구할 수 있다. n의 제곱수에다가 $n+1$번째 홀수를 더해 주기만 하면 되니까 말이다.

예제 2:

11의 제곱(11^2)은 121이다. 그렇다면 12의 제곱은 얼마일까? 12^2은 11^2에다가 '12'번째 홀수를 더해 주기만 하면 된다. 즉 121에다가 열두

번째 홀수인 23을 더하면 12^2인 144가 나오는 것이다!

예제 3 :

예를 들어 17의 제곱(17^2)이 289라는 계산이 이미 나와 있는 경우, 그 다음 수인 18의 제곱(18^2)은 289에다가 '18'번째 홀수인 35를 더해 주면 된다. 즉 $17^2 + 35 = 18^2(324)$이 되는 것이다.

지금까지 나온 내용들을 자세히 살펴보면 그 안에 일정한 규칙이 존재한다는 사실을 알 수 있다. 어떤 수 n의 제곱(n^2)에다가 $n+1$번째 홀수를 더하면 $n+1$의 제곱수를 구할 수 있다는 규칙이 바로 그것이다. 그 원칙을 공식으로 표현하면 다음과 같다.

$$(n+1)^2 = n^2 + 2n + 1$$

그런데 이때 $1^2 = 1$이고, $n \cdot 1 = n$이므로, 위 공식을 아래와 같이 변환할 수 있다.

$$(n+1)^2 = n^2 + 2 \cdot 1 \cdot n + 1^2$$

그리고 위 공식에서 $n = a$를, $b = 1$을 대입하면 '말도 많고 탈도 많은' 유명한 이항식, 즉 $(a+b)^2 = a^2 + 2ab + b^2$이라는 공식이 탄생된다!

제곱수의 컴퓨터 입력 방법 1

컴퓨터로 문서 작업을 하다 보면 제곱수를 입력해야 할 때가 있다. 특히 2제곱이나 3제곱은 일상생활에서도 면적과 부피를 측정하는 단위로 많이 활용되기 때문에 복잡한 수학 공식과 상관없는 일반 문서에서도 입력해야 하는 경우가 적지 않다.

한글프로그램(호 2010버전)에서 제곱수를 입력하려면 몇 단계 과정을 거쳐야 한다. 첫 번째 방법은 입력한 숫자들 중 제곱수가 될 숫자들을 마우스를 드래그하여 블록으로 지정한 뒤 메뉴 바에서 '서식(호 2005버전은 '모양')'을 클릭하는 방법이다. 그런 다음 '글자 모양'을 클릭하고, 다음으로 '속성'이라 적힌 부분으로 가서 여러 가지 글자 모양들 중 내가 원하는 모양, 즉 '위첨자' 모양을 고르는 것이다.

또 다른 방법은 제곱수가 될 숫자들을 마우스 블록 지정한 뒤 마우스 오른쪽 버튼을 누르면 '글자 모양'이 뜬다. 이를 선택해 첫 번째 방법과 같은 순서로 실행하면 된다.

제곱수의 컴퓨터 입력 방법 2

한글프로그램이 없을 시에는 메모장 프로그램에서 입력하는 방법도 있다. 먼저 메모장을 실행시켜 'ㅊ'을 입력한 후 한자 키를 누르면 팝업창이 뜬다. 그 창에서 원하는 위첨자를 마우스로 선택하면 된다.

지수

임의의 숫자 x를 n번 곱한 숫자를 수학에서는 x^n으로 표시하고 이때 n을 '지수^{exponent}'라 부른다. 즉 $x^n = x \cdot x \cdot x \cdots (n$번까지 곱함)이 되는 것이다. 예컨대 2^3은 2를 세 번 곱한 것이고, 답은 8이 된다($2^3 = 2 \cdot 2 \cdot 2 = 8$)

은행 이자율을 계산할 때에도 지수와 거듭제곱에 관한 지식이 필요하다. 사실 '단리$^{\text{simple interest}}$'의 경우에는, 다시 말해 원금에 대해서만 이자가 붙을 뿐, 이자에 대해 다시 이자가 붙지 않는 경우에는 아래와 같은 간단한 공식만으로도 연이율을 계산할 수 있다.

$$i = \frac{r \cdot V}{100} \ (i = \text{이자}, \ r = \text{이율}, \ V = \text{원금})$$

일정액을 몇 년 동안 은행에 맡겨 두는 경우, 해당 예금 상품이 단리 상품이라면(이자가 1년 단위로 지급된다는 사실이 전제됨) 위 공식에 따라 이자 액수를 산출한 뒤 거기에 햇수(n)만 곱해 주면 총 이자가 얼마인지 쉽게 알 수 있는 것이다.

하지만 단리가 아니라 복리인 경우에는 계산이 복잡해진다. 거듭제곱 계산을 해야만 내가 받을 이자가 얼마인지 정확히 계산할 수 있기 때문이다.

예컨대 이자율이 r이고 원금이 V라면, 나중에 내가 돌려받을 액수는 매년 $1 + \frac{r}{100}$만큼 증가하고, 예치 기간이 n년인 경우 n년이 지난 뒤 내가 돌려받을 액수(V_n)를 구하는 공식은 다음과 같다.

$$V_n = V_0 \cdot \left(1 + \frac{r}{100}\right)^2$$

나아가 부가세 19%는 다음과 같이 계산할 수 있다.

$V \cdot 1.19$(1년 뒤의 부가가치세)

$V \cdot 1.19^n$(n년 후의 부가가치세)

즉, 두 번째 연도부터는 이미 첫 해에 붙은 이자에 대해서도 이자가 붙는 것이다.

이자론

'돈으로 돈을 버는 행위', 즉 누군가에게 자금을 빌려준 뒤 이자를 받아 제 주머니를 불리는 행위에 대해서는 예부터 논란이 많았다. 구약 성서에도 '형제에게 돈을 꾸어 준 뒤 이자를 받지 말라'는 내용이 등장할 정도였다. 그런데 기독교에서 말하는 '형제'란 피붙이뿐 아니라 이웃과 친구, 나아가 인류 전체를 포괄하는 개념이다. 즉 누구에게 돈을 빌려 줬던 절대로 이자를 받지 말라는 뜻이었다.

이자 수입이 불로소득인지 아닌지를 둘러싼 논란은 지금도 현재진행형이다. 개중 몇몇 학자들은 이자 소득이 결코 불로소득이 아니라는 사실을 증명하기 위해 '이자론'이라는 새로운 이론을 제기하기도 했다. 여기에서 말하는 이자론은 일정액을 은행에 맡기거나 남에게 빌려 줬을 때 이율이 얼마인지 수학적으로 계산하는 이론이 아니라, 이자 소득을 도덕적, 윤리적으로 합리화시키기는 이론이다. 그 과정에서 해당 학자들은 예컨대 '내가 가진 돈으로 기계를 구입하고, 그 기계를 가동해서 돈을 벌 수도 있다. 하지만 만약 그 돈을 기계 구입에 사용하는 대신 친구나 지인에게 빌려 줄 경우, 나는 기계 가동에 따른 수입을 올릴 수 없다. 이에 따라 대부이자貸付利子는 곧 내가 충분히 벌어들일 수도 있었던 소득을 상쇄하는 도구일 뿐이고, 그렇기 때문에 도덕적으로 비난받을 이유가 전혀 없다!'라고 주장한다.

복리가 적용되는 분야

일상생활에서는 복리가 적용되는 경우가 거의 없다. 하지만 금융 거래 시에는 으레 복리가 적용된다. 돈을 맡길 때나 빌릴 때나 마찬가지이다. 그러나 금융을 제외한 상거래에 있어서는 대개 칼 같은 계산보다는 '인지 상정 규칙'이 더 널리 적용된다. 예컨대 B사가 A사로부터 물건을 받고 대금을 오랫동안 지급하지 않을 경우, 채권자인 A는 채무자인 B에게 어서 빨리 원금(물품 대금)을 지급해 달라고 요구는 하지만, 연체된 기일에 대한 이자까지 지불하라고 요구하지는 않는다. 하물며 이자에 대한 이자까지 요구하는 경우는 더더욱 드물다.

복리의 위력

복리가 아예 법으로 금지되는 경우도 적지 않다. 혹은, 법적 제한이 없다 하더라도 실생활에서 복리가 그다지 널리 적용되지는 않는데, 거기에는 분명한 이유가 있다. 복리가 지닌 위력이 실로 어마어마하기 때문이다. 복리의 위력은 영국의 도덕철학자이자 정치철학자인 리처드 프라이스 Richard Price (1723 ~ 1791)의 계산에서도 확인할 수 있다.

1772년, 프라이스는 만약 예수 탄생 당시 아버지인 요셉이 1페니를 은행에 맡겼다면, 나아가 그 예금 상품의 연리가 5%였다면 그 돈이 현재 얼마로 불어났을지를 계산했다. 그런데 엄밀히 말하자면 프라이스는 계산에 실패했다. 도저히 수치로 표현할 수 없을 만큼 엄청난 수치가 도출되었던 것이다. 이에 프라이스는 그 액수를 기발한 방법으로 공개했다. 만약 예수님의 아버지인 요셉이 1페니를 5%의 연리로 은행에 예치했을 경우, 지금쯤 해당 금액이 순금으로 지구 전체

순금으로 지구 전체를 1억 5천만 번 둘러쌀 수 있는 액수!

를 1억 5천만 번 코팅할 수 있을 만큼 늘어나 있을 것이라고 발표한 것이다.

하지만 요셉이 복리의 예금 상품이 아니라 지인에게 빌려 줬더라면, 다시 말해 단리로 대부를 해 주었다면 1772년 당시 그 돈은 겨우 7실링 더하기 $4\frac{1}{2}$ 펜스로 불어나는 데 불과했을 것이다.

음의 지수

숫자 x에 대한 거듭제곱지수가 음수인 경우(x^{-n}), x^{-n}을 '$1 \div x^{n}$' 혹은 '$\frac{1}{x^{n}}$'로 변환할 수 있다. 예컨대 다음 공식이 성립되는 것이다.

$$5^{-2} = \frac{1}{5^{2}} = \frac{1}{25}$$

여기에서 우리는 x^{-n}이 곧 x^{n}의 역수라고 결론지을 수 있다.

음의 제곱지수 활용 사례

음의 제곱지수는 자연과학이나 기술적 분야에 주로 활용된다. 사용자의 이해를 돕기 위해서는 사실 역수, 즉 분수를 이용하는 방식이 더 낫긴 하지만 아마도 컴퓨터에서는 분수보다는 음의 지수를 입력하는 편이 더

간단하기 때문에 음의 제곱지수가 더 자주 활용되는 것이 아닐까 추정된
다. 적어도 기술자, 공학자들은 '1/min'보다는 'min^{-1}'을 입력하는 편이
더 간단하고 빠르다고 생각하는 듯하다. 자동차 계기반에 rpm^{revolution per minute}(자동차 엔진의 1분당 회전수) 표시화면만 봐도 그렇다. 거기에는
'1/min' 대신 'min^{-1}'이 적혀 있다.

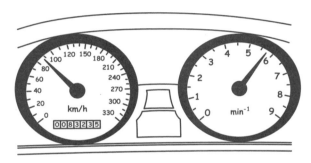

대부분 자동차의 계기반에 장착되어 있는 속도계와 rpm 표시판

무리수 제곱근

제곱근

> 숫자 n의 제곱근(줄여서 '근'이라 부르기도 함)은 자기 자신을 곱했을 때 n이 되는 숫자를 뜻한다.

반복법 혹은 헤론의 방식을 이용해 제곱근 구하기

요즘은 계산기만 두드리면 눈 깜짝할 사이에 제곱근을 구할 수 있다. 하지만 계산기 없이도 제곱근을 구할 수 있는 방법이 있다. '반복법 iterative method'이 바로 그것이다. 반복법이란 이름 그대로 근삿값을 반복적으로 대입하는 과정을 통해 정답에 점점 더 가까이 다가가는 방식을 뜻한다.

어떤 수의 제곱근을 구하고 싶다면 그 수를 제곱근으로 나누면 된다?!

틀린 말은 아니다. 하지만 이 방식을 활용하자면 해당 수의 제곱근을 이미 알고 있어야 한다. 그렇다면 해당 수의 제곱근을 새삼스럽게 계산할 필요도 없어진다. 그런데 이 바보 같은 방식 속에 약간의 지혜가 담겨 있다.

즉, 어떤 수의 제곱근이 얼마인지를 어림짐작한 뒤 해당 수를 그 수로 나
누는 과정을 통해 정답에 바싹 다가갈 수 있다는 것이다. 그렇게 되는 이
유는 간단하다. 제곱근이 얼마인지를 대충 비슷하게만 짐작한다는 전제
하에, 원래 수에 어림짐작한 수를 나누면 어림짐작한 수와 가까운 수 하나
가 나온다. 무슨 말인지 실제 숫자들을 통해 확인해 보자.

예컨대 5의 제곱근($\sqrt{5}$)이 2일 것이라 가정한 경우, 원래 수 5에다가 우
리가 추측한 수 2를 나누어야 하는데, 그러면 아래 공식에서처럼 2.5라는
답이 나온다.

$$\frac{5}{2} = 2.5$$

자, 모두들 잘 알다시피 그 답은 오답이다! 5의 제곱근은 2.5가 아니다.
2.5에다가 2.5를 곱하면 5가 아닌 6.25가 나온다. 그래도 괜찮다. 일단,
제곱근 계산을 잘못했다 해서 하늘이 무너지거나 땅이 꺼질 일은 없다. 게
다가 첫 번째 계산을 통해 정답에 한 발짝 더 가까이 다가가게 되었다.

맨 처음에 우리가 5의 제곱근이라 추측했던 숫자는 2였다. 그런데 원래
수 5에다가 2를 나누니 2.5라는 답이 나왔다. 그렇다면 5의 제곱근은 2와
2.5 사이의 어떤 수일 수밖에 없다. 2에다 2를 곱하면 5보다 작은 수인 4
가 나오고, 2.5를 제곱하면 5보다 큰 수가 나와 버리기 때문이다.

지금부터 위 과정을 계속 반복하면 된다. 즉 2와 2.5 사이에서 어떤 숫
자 하나를 선택한 뒤 원래 수 5를 새로이 짐작한 값으로 나누어 주는 것이

다. 여기에서는 아래 공식에서처럼 2와 2.5의 평균값인 2.25를 대입해 보겠다.

$$\frac{5}{2.25} = 2.22222\cdots\cdots$$

다시 원래 수 5를 2와 2.22222……의 평균값으로 나누면 2.36111……이 나오는데, 이는 정답에 매우 가까운 근삿값이다. 참고로 계산기 화면에 찍힌 5의 제곱근이 2.3606797749989였다. 이렇게 위 과정을 계속 반복하면 결국에는 정답에 매우 가까운 값을 얻을 수 있다. 그러나 원래 수가 제곱수인 경우, 즉 원래 수가 어떤 자연수에다가 해당 자연수를 다시 곱해서(=제곱해서) 나온 수인 경우를 제외하면 위 방식은 아무리 반복해도 정확한 답을 얻을 수 없다.

그렇다고 너무 상심할 필요는 없다. 자연과학 분야에서든 공학 분야에서든 소수점 이하 세 자리까지 구하는 것만으로도 충분하기 때문이다. 즉 공작 기계를 설계하는 경우, 반복법을 이용하는 것만으로도 전혀 부족함이 없는 것이다.

헤론의 제곱근 풀이법과 바빌로니아의 수학자들

반복법은 다른 말로 '헤론의 제곱근 풀이법'이라고도 불리는데, 알렉산드리아 출신의 수학자이자 공학자인 헤론Heron의 이름을 딴 것이다. 헤론에 대해서는 1세기경 알렉산드리아 지방에서 살았던 학자라는 사실 외에는 알려진 게 거의 없다. 게다가 위에서 소개한 제곱근 풀이법도 사실 헤론이 최초로 고안한 것도 아니다. 바빌로니아 시대에 이미 해당 방식을 활용했다는 기록이 남아 있기 때문이다. 그 때문에 해당 방식을 '헤론의 제곱근 풀이법'이라는 말 대신 '바빌로니아 법', 혹은 '바빌로니아식 풀이법'이라 부르기도 한다.

그런데 생각해 보면 바빌로니아 시대 수학자들이 순전히 제곱근을 구하기 위해 이 방식을 활용했을 리는 없을 듯하다. 제곱근이나 그와 비슷한 개념들이 아직 알려지지 않았던 시절이었으니 말이다. 그런 단서들을 바탕으로 추정해 볼 때, 바빌로니아의 학자들은 위 계산 방식을 기하학적 호기심에서 개발하고 활용했을 공산이 크다. 즉 넓이(A)가 5인 직사각형($A = 5$, 이때 가로변 $b = 1$, 세로변 $l = 5$)을 정사각형으로 변환시키려는 과정에서 위 계산 방식이 탄생했을 가능성이 높다는 것이다. 지금 생각하면 간단하기 짝이 없는 작업이다. 각 변의 길이를 정확히 $\sqrt{5}$로 조정하기만 하면 해당 직사각형과 넓이가 동일한 정사각형이 나온다는 것쯤은 상식에 속할 만큼 널리 알려져 있기 때문이다. 하지만 다시 강조하건대 그 당시 바빌로니아 학자들에게 있어 제곱근은 생소한 개념이었고, 그렇기 때문에 지금 우리가 생각하는 방법과는 다른 방법을 쓸 수밖에 없었다. 즉, $l_1 = 2.5$, $b_1 = 2$를 우선 대입하고, 다음으로 $l_2 = 2.25$, $b_2 = 2.22222\cdots$를 대입하는 등, 계속해서 근삿값에 다가가는 방식으로 원하는 정사각형에 가까운 모양을 만들 수밖에 없었던 것이다. 하지만 근삿값을 이용했다 해서 결코 얕볼 일은 아니다. 세 단계만 거쳐도 이미 정답에 가까운 모양이 나오기 때문이다.

무리수

'순환소수 recurring decimal'란 소수점 이하에서 한 개 혹은 여러 개의 숫자들이 계속 반복(순환)되면서 분수로 변환도 가능한 수들을 가리키는 말이고, 이러한 수들은 '유리수 rational number'로 분류된다. 반면, 소수점 이하의 숫자들이 유한하지 않고 반복(순환)되지도 않으며 분수로 전환할 수 없는 수들도 있다. 이처럼 '순환하지 않는 무한소수'는 '무리수 irrational number', '유한소수이거나 순환하는 무한소수'는 유리수로 분류된다. 참고로 유리수와 무리수를 통틀어 '실수 real number'라고 부른다.

기수법과 유리수, 무리수

'무'라는 글자 때문인지 어떤지는 잘 모르겠지만 무리수는 왠지 무한한 수일 것만 같은 느낌이 든다. 하지만 무한한 숫자 중에도 무리수가 아니라 유리수로 분류되는 숫자들이 있다. 예컨대 $\frac{1}{3}$이 거기에 해당된다. $\frac{1}{3}$이라는 분수를 소수로 변환하면 0.33333……이다. 즉, 끝이 나지 않는 무한한 수인 것이다. 그럼에도 불구하고 $\frac{1}{3}$은 무리수가 아니라 유리수로 분류된다. 왜 그럴까?

사실 $\frac{1}{4}$ 이 유리수라는 사실은 쉽게 납득이 된다. 0.25라는 소수로 분명하게 변환이 가능하기 때문이다. 그렇다면 $\frac{1}{3}$ 은 왜 소수점 이하가 무한한데도 불구하고 유리수라는 걸까?

그 이유는 바로 십진법 때문이다. 십진법은 오늘날 전 세계적으로 널리 통용되는 기수법이다. 그런데 십진법 체계 하에서는 3이라는 숫자의 위상이 그다지 높지 않다. 하지만 만약 지금 우리가 십진법 대신 십이진법을 사용하고 있다면 얘기가 달라진다. 십이진법에서는 $\frac{1}{3}$ 을 0.4라는 숫자로 똑 부러지게 표현할 수 있기 때문이다. 단, 십이진법에서는 숫자 3 대신 숫자 5가 골칫덩어리로 전락할 가능성이 매우 높다!

피타고라스학파와 무리수

무리수라는 개념을 알 것 같다가도 모르겠다는 독자들이 많을 것 같은데, 먼 옛날 수학자들 역시 무리수의 개념에 대해 알쏭달쏭해하기는 마찬가지였다. 예컨대 고대 그리스의 수학자들도 대체 분수로 변환할 수 없는 숫자가 어떻게 존재할 수 있는지 도무지 이해할 수 없어 했다. 그 당시 학자들에게 있어 숫자란 오직 분수로 나타낼 수 있는 수, 즉 정수만을 의미했기 때문이다.

한편, 앞서 괄호 안에 표시해 둔 바와 같이 '유리수'는 영어로 'rational number'이고, '무리수'는 영어로 'irrational number'이다. 그런데

'rational'과 'irrational'의 어근이라 할 수 있는 라틴어 'ratio'는 주로 '비율'이라는 의미로 해석되지만, '이성' 혹은 '합리'라는 뜻으로 해석될 수도 있다. 재미삼아 하는 말이기는 하지만, '유리수는 합리적인 숫자', '무리수는 비합리적인 숫자'라는 식의 해석도 가능하다는 것이다.

고대 그리스 학자들이 느꼈던 감정도 바로 그것이었다. 그 학자들에게 있어 무리수는 신神이 정한 질서에 어긋나는 수, 즉 이성적으로 도저히 이해 불가능한 숫자, 비합리적인 숫자에 불과했던 것이다.

무리수의 존재를 발견한 것은 '피타고라스학파'라 불리는 일련의 학자들로, 하지만 안타깝게도 그 과정은 오늘날까지도 베일에 싸여 있다. 정사각형의 대각선에 대해 연구를 하다가 발견한 것인지, 별 모양을 계속 쪼개는 과정에서 발견한 것인지 아무도 모른다. 분명한 것은 피타고라스학파 학자들이 정수로 구성된 분수만으로는 도저히 나타낼 수 없는 숫자를 발견했다는 사실뿐이다.

지금 시각에서 보자면 대수롭지 않게 보이겠지만, 당시 무리수의 발견은 학계 전체를 뒤흔들 만큼 중대한 사건이었다. 때문에 피타고라스학파 소속 학자들은 무리수를 발견한 뒤에도 그 사실을 자랑스럽게 공개하기보다는 오히려 들킬까 봐 전전긍긍했다고 한다.

하지만 '세상에 비밀은 없다!'는 오랜 명언처럼 피타고라스학파도 예외는 될 수 없었다. '배신자'가 있었던 것이다. 그 비밀을 누설한 사람은 바로 메타폰티온 출신의 수학자 히파소스Hippasos였다. 히파소스는 기원전

5~6세기경의 학자로 추정되는데, 자신들이 분수로 나타낼 수 없는 수를 발견했다는 사실을 도저히 감추지 못하고 공개해 버렸고, 그 덕분에 신성모독죄로 바다에 수장水葬되었다고 한다.

위 스토리 중 어디까지가 진실이고 어디까지가 허구인지는 알 수 없다. 히파소스가 피타고라스학파의 비밀을 누설했다는 말부터 애초에 거짓일 수도 있고, 적어도 수장되지는 않았을 수도 있다. 하지만 전해 내려오는 말들을 종합해 보건대 최소한 히파소스가 '이단자'였던 것만큼은 분명한 듯하다. 즉, 주변 시선이나 분위기는 전혀 고려하지 않은 채 오직 자신의 신념을 관철시키는 데에만 집중하는 인물이었던 것이다.

허수와 복소수

유한소수도 아니고 순환하는 무한소수도 아닌 수, 다시 말해 무리수는 고대 수학자들에게 적지 않은 충격을 안겨 주었다. 발견해 놓고도 감추어야 할 만큼, 그 비밀을 누설한 자를 바다에 빠뜨려야 할 만큼, 큰 비밀이요 큰 충격이었던 것이다. 하지만 그러한 충격에도 불구하고 그 당시 관련 학자들 사이에서는 무리수의 존재에 대한 암묵적 동의가 있었다. 즉, 무리수의 존재 자체를 부정하는 이들보다는 무리수의 존재를 인정은 하되 조심스러운 태도를 취하는 학자들이 대부분이었던 것이다. 오늘날 무리수와 유리수를 합해 '실수real number', 즉 '실제로 존재하는 수'라 부르는 것만 봐도 그 당시 학자들이 무리수의 존재를 완전히 부정하지는 않았다는 사실을 짐작할 수 있다. 실수는 실제로 존재하는 수이자 실제로 사용하는 수이다. 일상생활 속에서 길이나 부피, 무게나 압력을 표시할 때 우리는 늘 실수를 사용하곤 한다. 참고로 실수들을 하나의 점으로 표시한 뒤 그 점들을 연결하면 수들로 구성된 직선, 즉 '수직선number line'이 탄생된다.

그런데 수직선상에 놓여 있지는 않지만 셈이 가능한 수, 나아가 실제적 문제들을 풀어낼 수 있는 수들이 존재한다. 수학에서는 그 수들을 '허수imaginary number'라 부른다. 이름이 이미 말해 주듯 허수란 '존재하지 않는 수'를 뜻한다. 적어도 수직선상에는 존재하지 않는 수들의 집합이 바로 허수인 것이다.

허수란 예컨대 $x^2 + 1 = 0$이라는 공식을 만족시키는 수이다. 이 공식을 만족시키려면 음수인 -1의 제곱근이 동원되어야 하는데, 독자들도 이미 알다시피 음수는 제곱근을 지니지 않는다. 그럼에도 불구하고 굳이 $x^2 + 1 = 0$을 만족시키는 답을 구하겠다고 고집을 피우는 사람도 분명 있을 것이다. 하지만 방법은 결국 하나밖에 없다. 자기 자신을 제곱했을 때 -1이 나오는 숫자를 찾아내는 방법밖에 없는 것이다. 그 수를, 그러니까 -1의 제곱근을 수학에서는 '허수'라 부르고, 허수를 뜻하는 영어 단어의 맨 첫 글자를 따서 약어로 'i'로 표기한다(허수에 대한 약어를 'i'로 하자는 제안은 아마도 위대한 수학자 오일러의 아이디어였을 것으로 추정된다).

이쯤에서 '복소수complex number'라는 개념도 소개하는 것이 좋을 듯하다. 복소수란 실수와 허수를 모두 포괄하는 개념이다.

다시 허수에 관한 이야기로 돌아가 보자. 이론적으로만 따지자면 양수의 제곱근들에 적용되는 규칙을 음수에도 적용해서 제곱근을 구할 수 있다. 물론 거기에서 도출되는 제곱근들은 허수인 음수의 제곱근들이고, 그런 만큼 그 제곱근들 역시 허수에 불과하다. 따라서 이를 두고 '실재하지 않는 숫자들을 둘러싼 놀음'이라 해도 과언이 아닌 것이다.

하지만 그럼에도 불구하고 자연과학이나 공학 분야에서는 그 놀음이 큰 도움이 된다고 한다. 아무리 허황된 이론이라 하더라도 탄탄하기만 하다면 실생활에서도 충분히 응용 가능한 것이다!

카르다노와 허수 그리고 복소수

고대 그리스의 수학자들은 지금 우리가 알고 있는 모든 수학 이론의 기반을 다졌다고 말해도 좋을 만큼 역사에 길이 남을 업적들을 아로새긴 이들이다. 적어도 수학 분야에 있어서만큼은 고대 학자들의 업적은 그야말로 위대했다. 하지만 허수에 관해서만큼은 예외였다. 어떤 이유에서인지는 정확히 알 수 없지만 내로라하는 수학자들이 허수에 대해서는 큰 관심을 가지지 않았다. 아니, 어쩌면 관심은 있었지만 발견을 하지 못한 것일 수도 있다.

어쨌든 허수, 나아가 복소수(실수+허수)를 최초로 발견한 것은 이탈리아의 철학자이자 의학자이며 수학자였던 지롤라모 카르다노^{Girolamo} ^{Cardano}(1501~1576)였다. 카르다노는 '카르단 베어링'이라는 이름의 특

별한 고리를 발견한 것으로도 유명한
데, 카르단 베어링이란 어떤 방
향으로든 회전할 수 있는
두 개의 고리를 연결시
켜 놓은 것으로, 지구의
地球儀나 항해용 나침반
에서 그 사례를 찾아볼
수 있다. 자동차에서 직
각으로 차축을 구동시키는
방식을 '카르단 구동방식cardan
joint drive'이라 부르는 것 역시 카르단
베어링에서 비롯된 것이다.

직각 교차 형태의 카르단 베어링

전자공학과 허수

이 책을 읽는 독자들 대부분은 '옴의 법칙'이라는 말을 한 번쯤은 들어
봤을 것이다. 옴의 법칙을 이용하면 도선에 흐르는 전류의 세기와 전압 그
리고 저항을 간단하게 계산할 수 있다. 하지만 이는 어디까지나 직류회로
에만 해당되는 말이고, 교류 방식의 회로인 경우에는 계산이 복잡해진다.
그중에서도 특히 특정 시점에 전압과 전류의 세기의 비율이 얼마인지 알
아내려면 더더욱 골치가 아파진다. '미분방정식differential equation'을 동원해

야 할지도 모른다. 그런데 바로 그 방정식 계산에 허수가 활용된다. 미분방정식을 이용해 전압과 전류의 세기를 측정해내는 방식은 공학자인 아서 에드윈 E. 케넬리^{Arthur Edwin Kennelly}(1861~1939)와 찰스 P. 스타인메츠^{Charles P. Steinmetz}(1865~1923)의 공동연구를 통해 알려지게 되었다.

한편, 수학에서는 허수 단위를 표시할 때 대개 알파벳 'i'를 쓰는 반면 전자공학에서는 'j'를 쓴다. 전류의 세기를 나타낼 때 쓰는 약어인 'I'와 헷갈리지 않게 하려고 i 대신 j를 선택한 것이다.

주요 무리수 제곱근

2의 제곱근($\sqrt{2}$)은 기하학에서 매우 중대한 위치를 차지하는 수이다. 하지만 $\sqrt{2}$ 는 소수로 정확히 표현할 수 없고, 아래와 같이 근삿값으로 표현하는 것에 만족해야 한다. 그 이유는 $\sqrt{2}$ 가 바로 무리수이기 때문이다.

$$\sqrt{2} \approx 141412$$

예를 들어 $\sqrt{2}$ 는 정사각형의 대각선(d)의 길이를 구하는 공식에도 등장한다. 한 변의 길이가 a인 정사각형의 대각선(d) 길이를 구하는 공식은 참고로 아래와 같다.

$$d = \sqrt{2}\,a$$

$\sqrt{3}$ 역시 무리수이고, 그런 만큼 소수로 표현할 때에는 아래와 같이 근삿값으로 나타내야 한다.

$$\sqrt{3} \approx 173205$$

$\sqrt{3}$ 은 예컨대 한 모서리의 길이가 a인 정육면체의 대각선을 구하는 공식에 사용된다.

$$d = \sqrt{3}\,a$$

한 변의 길이가 a인 정삼각형의 높이(h) 역시 $\sqrt{3}$ 을 이용해서 구할 수 있다.

$$d = \frac{\sqrt{3}\,a}{2}$$

$\sqrt{2}$ 는 어디까지나 $\sqrt{2}$ 일 뿐이다!

$\sqrt{2}$ 를 소수로 정확하게 나타낼 수 있는 방법은 제아무리 눈을 씻고 찾아 봐도 존재하지 않는다. 하지만 실생활에서는 그게 전혀 문제가 되지 않는다. 공학이나 과학 분야에서는 세 자리만으로도 충분하기 때문이다. 즉 1.41이나 1.414 정도만으로도 충분히 정확하다고 말해도 좋은 것이다.

하지만 수학 분야에서는, 특히 각종 공식들에 있어서는 백퍼센트 정확한 수가 아니면 안 된다. 따라서 수학 공식에서는 $\sqrt{2}$ 를 소수로 전환해서는 안 되는 것이다. 그렇다, $\sqrt{2}$ 는 어디까지나 $\sqrt{2}$ 일 뿐이다!

$\sqrt{3}$ 과 삼상교류

$\sqrt{3}$ 은 전자공학이나 전기공학 분야에서 매우 중요하게 다루어지는 수이다. 이와 관련해서 한 가지 예를 들어보겠다.

일반 가정용 전기의 전압은 $230V$인데 반해 산업용 전기는 $400V$이다 (예전에는 각기 $220V$와 $380V$였음). 그런데 230에 $\sqrt{3}$ 을 곱하면 400에 가까운 값이 나오고($230 \cdot \sqrt{3} = 398.37$), 220에 $\sqrt{3}$ 을 곱하면 380에 가까운 값이 나온다($220 \cdot \sqrt{3} = 381.05$). 앞서도 여러 차례 강조했듯 공학 분야에서는 이 정도의 오차는 무시해도 무방하다. 즉, $398.37V$를 $400V$로, $381.05V$를 $380V$로 간주해도 대형 사고가 발생하지 않는다는 것이다. 게다가 어차피 전력망 내 전압이 정확히 몇 볼트인지는 측정할 수도 없다.

그런데 왜 하필이면 $\sqrt{3}$ 이라는 숫자가 여기에 개입되어 있을까? 그 이유는 삼상교류 모터의 내부를 들여다보면 알 수 있다. '삼상교류 three-phase current' 발전기란 쉽게 말해 내부에 세 개의 코일이 배치되어 있고, 각 코일에서 생성된 전류와 전압이 모여 대형 기계를 작동시키는 방식의 발전기이다. 나아가 그 선들을 이으면 정삼각형 모양이 나오고, 각 선의 한쪽 끝은 이른바 '중성선 neutral conductor'이라는 점과 연결되어 있으며, 중성선과 연결되어 있지 않은 반대쪽 끝 지점이 '위상 phase'이 된다.

이때 각 위상들 사이의 전압은 정삼각형의 한 변의 길이와 일치하고, 중성선으로 흘러가는 전압은 선 높이의 절반에 해당된다. 여기에서 중성선과 한 개의 위상이 결합되어 230V인 가정용 전자제품들에 전력을 공급하는 반면, 산업용 대형 기계를 작동시킬 때에는 세 개의 위상이 모두 가동되면서 400V의 전력을 공급하게 된다.

최고의 아름다움을 보장하는 황금비율

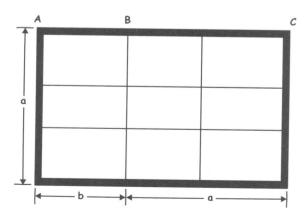

왼쪽 그림에서 $\overline{AC}$와 점 B를 가장 아름답게 보이도록 분할하고 싶다면, 다시 말해 '황금비율 golden ratio'로 분할하고 싶다면 무엇보다 B의 위치를 잘 정해야 한다. 그러려면 $BC : AB$의 비율을 $AB : BC$의 비율과 동일하게 설정해야 한다. 그 말은 곧 BC와 AB의 비율이 $\Phi : 1$이 되어야 한다는 뜻인데, 그 내용을 공식으로 정리하면 다음과 같다.

$$\frac{BC}{AB} = \frac{\Phi}{1} = \Phi = \frac{1 + \sqrt{5}\,a}{2}$$

참고로 Φ는 '황금값' 혹은 '황금비'라 불리며 그 값은 대략 1.618이다. 혹은 분수를 써서 $\frac{5}{3}$, $\frac{8}{5}$, $\frac{13}{8}$으로 표현하기도 한다.

황금비율은 예술과 건축 분야에서 특히 중요하게 여겨진다. 예를 들어 문이나 창의 가로세로 비율을 정할 때 황금비율을 활용한다. 사진을 찍을 때에도 황금비율에 따라 주인공의 위치를 결정하면 더 멋진 작품을 빚어낼 수 있다고 한다.

근지수가 큰 제곱근

'근지수radical exponent'란 루트 표시($\sqrt{}$) 왼쪽 상단에 붙는 조그만 숫자를 가리키는 말로, 임의의 숫자 x의 '몇 제곱근이냐'를 의미한다.

해당 위치에 아무 숫자도 없으면 근지수는 2가 되고, 세제곱근의 경우에는 3, 네제곱근은 4가 된다. 즉, x라는 숫자의 n제곱근일 경우 $\sqrt[n]{x}$ 가 되는 것이다. 따라서 만약 x가 64이고 n이 3이라면 다음과 같은 계산이 나온다.

$$\sqrt[3]{64} = 4\,(4^3 = 64)$$

수학 천재 골탕 먹이기

수학 천재임을 자청하는 친구를 골탕 먹이고 싶다면 "2의 1제곱근이 얼마인지 알아?"라는 질문을 던져 보자. 그 친구는 아마 '제곱근'이라는 말 앞에 숫자 1이 붙었다는 사실에 잠시 쭈뼛하겠지만 결국에는 뻐기는 듯한 표정으로 "그것도 몰라서 물어? 1.4142……잖아!"라고 대답할 것이다. 그럴 때 우리는 승리의 미소를 지으며 "아니거든!"이라고 외쳐주면 된다! 2의 1제곱근은 1.4142……가 아니라 2이고, 1.4142……는 2의 2승근, 즉 2제곱근이라는 사실까지 알려 주면 자칭 수학 천재인 친구를 완전히 KO시킬 수도 있다!

근지수와 제곱지수의 상관관계

나눗셈을 0부터 1사이의 숫자를 이용한 곱셈으로 이해해도 되듯, 어떤 수의 n제곱근을 해당 수의 $\frac{1}{n}$제곱으로 생각해도 무방하다. 즉 제곱근이 n이라는 말과 제곱지수가 $\frac{1}{n}$이라는 말이 결국 같은 말이라는 뜻이다. 그런데 제곱지수가 음수인 경우에는 해당 지수를 역수로 전환함으로써 마이너스 부호를 떼어낼 수도 있다. 다시 말해 제곱지수가 0과 -1 사이인 경우, 해당 지수 앞에 붙은 마이너스 부호를 지운 뒤 해당 수를 분모에 대입하면 되는 것이다. 아래 공식을 보면 무슨 말인지 쉽게 알 수 있다. 언뜻 보면 복잡해 보이지만, 마음을 차분히 가라앉히고 찬찬히 뜯어보면 그 과정이 분명히 이해될 것이다.

$$x^{-\frac{1}{n}} = \frac{1}{x^{\frac{1}{n}}} = \frac{1}{\sqrt[n]{x}}$$

이쯤에서 지금까지 나온 숫자 변환에 관한 원칙들을 다시 한 번 살펴보자.

첫 번째 원칙은 근지수가 분수일 수도 있다는 사실에다가 '제곱근이 n일 경우 이를 $\frac{1}{n}$이라는 제곱지수로 변환할 수 있다'는 규칙을 결합시킨 것이다. 아래 수식이 바로 그 내용을 집약한 것이다.

$$\sqrt[\frac{1}{n}]{x} = x^{n}$$

그런데 근지수가 반드시 양수이어야만 하는 것은 아니다. 음수의 분수일 수도 있다. 이 경우에는 다음과 같은 수식이 성립된다.

$$\sqrt[-\frac{1}{2}]{x} = x^{-2} = \frac{1}{x^2}$$

사실 위 규칙들은 자다가도 벌떡 일어나서 달달 읊어야 할 만큼 중대한 규칙들은 아니다. 그보다는 숫자 표기 방식이나 변환 방식과 관련해 다양한 약속들이 존재한다는 사실을 깨닫는 것이 더 중요하다. 만약 그런 약속들이 존재하지 않는다면 수학이라는 세계가 혼돈에 빠져 버리겠지만, 다행히 그 약속들은 전 세계적으로 통용되고 있고, 그 덕분에 내가 원하는 정답을 보다 쉽게 얻을 수 있다. 그런 의미에서 또 다른 재미있는 수학적 약속을 살펴보기로 하자.

이번에 소개할 규칙은 그야말로 흥미진진 그 자체다. 제곱지수를 근지수와 제곱지수로 분리할 수 있다는 규칙이 바로 그것이다. 그렇다, 제곱지수가 가분수인 경우, 다시 말해 분자가 분모보다 더 큰 경우라면 아래와 같은 공식이 성립된다.

$$x^{\frac{n}{m}} = \sqrt[m]{x^n}$$

한편, 소수 역시 제곱수의 지수가 될 수 있다. 거의 모든 종류의 수들이 제곱지수가 될 수 있다고 해도 거짓이 아닌데, 미리 귀띔하자면 제10장에서 소개할 로그함수의 밑바탕이 되는 것도 바로 모든 수들이 제곱지수가 될 수 있다는 것이다.

음악과 수학의 상관관계

수학자들 중 음악적 재능을 지닌 이들이 적지 않은데, 이는 결코 우연이 아니다. 어쩌면 우연보다는 필연에 더 가까울 수도 있다.

'음악은 귀로 듣는 수학'이라는 말도 있다! 특히 화음 분야가 수학과 관련이 많은데, 화음은 기본적으로 불협화음과 협화음으로 구분된다. 불협화음은 쉽게 말해 딱 들었을 때 우리 귀에 거슬리는 화음이고 협화음은 거부감이 들지 않는 자연스러운 화음이다. 그중 협화음에서 사용되는 각 음정들 사이에는 일정한 수학적 관계가 성립된다. 그뿐 아니라 음계, 즉 '도레미파솔라시도' 사이에도 수학적 관계가 존재한다. 또 몇 번째 옥타브이냐에 따라 주파수가 달라지는데, 그 주파수들 사이에도 2배 혹은 $\frac{1}{2}$배 등의 수학적 관계가 존재한다.

옥타브에 따른 주파수 배율에 대해 들어본 독자들도 있겠지만 그렇지 않은 독자들을 위해 그 원리를 조금 소개해 보겠다. 사실 피아노 건반의 주파수는 조율사의 취향이나 고객의 요구에 따라 조금씩 달라진다. '기본 A음', 그러니까 건반 가운데쯤에 있는 '라' 음의 주파수가 440㎐를 기준으로 조금 더 높아질 수도 있고 낮아질 수도 있는 것이다. 여기에서는 편의상 기본 A음의 주파수가 440㎐라고 해 두자. 이 경우, 기본 A음에서 한 옥타브 높은 A음의 주파수는 880㎐가 된다. 즉 한 옥타브 상승함에 따라 주파수가 정확히 두 배로 뛰는 것이다. 반대로 기본 A음에서 정확히 한 옥타브를 내려갈 경우, 주파수는 정확히 절반으로(220㎐)로 떨어진다. 참고로 오늘날 독일이나 오스트리아의 교향악단에서는 기본 A음의 주파수를 442㎐에 맞추고 있는데(스위스에서는 443㎐), 그렇다 하더라도 배율에는 변함이 없다. 한 옥타브 위에 있는 음의 주파수는 884㎐(스위스는 886㎐)가 되는 것이다.

한편, 피아노에서 한 옥타브는 열두 개의 건반으로 구성되어 있다(흰 건반+검은 건반). 그 열두 개의 건반들의 관계를 '평균율temperament'이라 부르는데, 그 이유는 열두 개의 음이 한 옥타브 안에서 균등하게 나뉘어져 있기 때문이다. 이때, 이웃한 건반들 사이의 간격을 '반음semi-tone', 어떤 건반과 그 옆옆 건반과의 간격을 '온음whole tone'이라 부른다. 즉, 바로 옆 건반과의 관계는 반음이 되고, 옆옆 건반과의 관계는 온음이 되는 것이다.

이렇게 옥타브를 균등하게 분할하는 과정에서 '등비수열geometric sequence'(='기하수열')이라는 수학적 개념이 활용된다. 등비수열이란 첫째 항부터 마지막 항까지 일정한 수를 곱해서 얻어지는 수들을 나열한 것을 의미한다. 등비수열에서는 첫 번째 수보다는 두 번째 수가, 두 번째 수보다는 세 번째 수가 더 클 수밖에 없는데, 커지는 비율이 '등차수열arithmetic sequence'과는 다르다. 등차수열은 각 항이 그 바로 앞의 항에 일정한 수를 '더해서' 이뤄지는 수열인 반면 등비수열은 각 항이 자기 자신의 바로 앞의 항에 일정한 수를 '곱해서' 이뤄지는 수열이기 때문이다. 이때 그 곱해지는 수, 즉 등비수열에서 각 항에 곱해지는 수를 '공비common ratio'라 부른다. 따라서 만약 공비를 2로 설정한 뒤 어떤 숫자 x를 열두 개로 쪼개고 싶다면 자기 자신을 열두 번 곱해서 2가 나오는 숫자를 찾아 내야 한다($x^{12} = 2$). 그 조건을 만족시키는 숫자는 바로 $\sqrt[12]{2}$ 이다. 즉 12음으로 이루어진 옥타브 하나를 만들어내기 위해서는 $\sqrt[12]{2}$ 를 12번 곱하는 과정을 거쳐야 하는 것이다 $\left(\left(\sqrt[12]{2} \right)^{12} = 2 \right)$.

이쯤 되면 음악과 수학 사이의 상관관계를 누구나 쉽게 이해할 수 있을 것이다. 처음에 언급했듯 음악에 관심을 갖는 수학자들이 많은 것도, 수학적 계산 에 기반을 두고 작품을 빚어낸 작곡가들이 적지 않은 것도 결코 우연이 아닌 것이다.

기본 A음의 주파수는 440㎐,
한 옥타브 위의 A음의 주파수는 그 두 배인 880㎐이다.

5. 분수

분수

분자와 분모

분수는 분자와 분모로 구성된다. 분수에도 여러 종류가 있는데 그중 '진분수 proper fraction'는 분모가 분자보다 크고, 이에 따라 1보다 작은 분수를 가리키는 말이다.

$$\frac{7}{9} = 7:9$$

'가분수improper fraction'는 분자가 분모와 같거나 더 큰 경우를 의미하고, 가분수의 절댓값은 늘 1 이상이며, 정수나 '대분수mixed fraction'로 바꾸어 나타낼 수 있다.

$$\frac{12}{9} = 1\frac{3}{9} = 1\frac{1}{3}$$

영국과 로마 제국의 복잡한 화폐 단위

해리포터 시리즈에는 갈레온galleon, 시클sickle, 크넛knut이라는 신기한 화폐 단위들이 등장한다. 그 단위를 만들어낸 사람, 즉 해리포터의 작가는 1 갈레온은 17시클, 1시클은 29크넛으로 정해 놓았다.

위 단위들은 순전히 조앤 K. 롤링의 머리에서 나온 것이지만, 실제로 1971년 이전까지 영국에서는 기이한 화폐 단위가 사용되었다.

세계 각국의 화폐 단위들이 대개 십진분수에 기반을 두고 있었던 반면 영국의 화폐는 그렇지 않았다. 영국 화폐의 기본단위는 '파운드 스털링pound sterling' 혹은 줄여서 '파운드'라 불리는데, 1파운드는 20실링shilling이었다. 1실링이 $\frac{1}{20}$ 파운드였던 것이다. 나아가 1실링은 12펜스pence('펜스'는 '페니penny'의 복수형임)였다. 즉 1페니는 $\frac{1}{12}$ 실링이자 $\frac{1}{240}$ 파운드였던 것이다.

그런데 영국 화폐 체계를 더 복잡하게 만든 단위들이 있다. 그중 대표적인 것은 '기니guinea'라는 이름의 금화였다. 1기니는 21실링, 즉 1파운드하고도 1실링에 해당되었는데, 1971년, 1파운드GBP, Great Britain Pound를 100펜스로 규정하는 새로운 통화 정책이 발표되기 전까지만 하더라도 기니는 꽤 널리 사용되었다. 상품의 가격을 파운드 대신 기니로 표시해 두는 상점도 적지 않았다. 100여 년 전, 기니를 '소버린sovereign'으로 대체한다는 정책이 공식적으로 발표되었지만, 그럼에도 불구하고 기니라는 단위는 꿋꿋이 살아남았다. 참고로 1소버린은 21실링이 아니라 20실링이었다.

더 옛날로 거슬러 올라가면 페니보다 더 작은 단위들도 발견할 수 있다. 예컨대 '파딩farthing'은 $\frac{1}{4}$ 페니에 상당하는 단위였고, '크라운crown'은 5실링, 즉 $\frac{1}{4}$ 파운드와 같았으며, '플로린florin'은 2실링, 즉 $\frac{1}{10}$ 파운드와 동일했다. 그런가 하면 '그로트groat'는 4펜스, 즉 $\frac{1}{3}$ 실링에 해당하는 단

111

위였다.

　이쯤 되면 자기 학대가 취미인 사람조차도 머리가 지끈지끈 아파올 듯하다. 두 눈을 부릅뜨고 정신을 똑바로 차리지 않으면 거스름돈을 제대로 돌려받지 못하는 경우가 분명 허다했을 것이다.

　그런데 이렇게 복잡한 화폐 단위를 사용한 나라가 비단 영국만이 아니었다. 요즘 시각에서 보자면 비합리적으로만 보이겠지만, 예전에는 복잡하고도 신기한 화폐 단위가 의외로 많은 국가에서 통용되었다. 단, 영국과 네덜란드를 제외한 대부분의 나라들은 비교적 빠른 시기에 화폐 개혁을 통해 십진법에 기반을 둔 새로운 통화를 도입했다. 참고로 네덜란드에서는 유로화가 도입될 때까지 '레이크스달더 rijksdaalder'라는 단위의 동전이 사용되었고, 기본 화폐 단위는 '굴덴 gulden'이었다. 1레이크스달더는 $2\frac{1}{2}$ 굴덴에 해당되었다.

　화폐 단위가 복잡하기로 둘째가라면 서러울 나라가 또 하나 있다. 고대 로마 제국이 바로 그 주인공이다. 로마 제국의 화폐는 십이진법에 기반을 두고 있었는데, 기본단위는 '아스(As)'였다. 1아스는 다시 '운키아 uncia'로 나뉘었고, 1운키아는 $\frac{1}{12}$ 아스이자 24'스크리풀룸 scripulum'이었다. 즉, 1스크리풀룸은 $\frac{1}{288}$ 아스였던 것이다. 그런가 하면 고대 로마 제국의 역사를 기록한 문서들에는 '세스테르티우스 sestertius'라는 화폐 단위도 종종 등장하는데, 1세스테르티우스는 $2\frac{1}{2}$ 아스에 해당되는 가치였다. 하지만 세월이 흐르면서 로마의 화폐 단위에도 변화가 일었고, 그 과정에서 1세스테르티우스의 가치도 달라진 것으로 추정된다.

그래서 오늘날 많은 역사학자들이 '고대 로마의 화폐 단위'라는 말만 들어도 세스테르티우스라는 단위부터 떠올리지만, 사실 세스테리티우스는 비교적 늦은 시기에 도입된 화폐 단위였다.

고대 로마 제국의 화폐 단위는 너무도 복잡하고, 게다가 너무 오래전 일이라 정확히 추적하기도 쉽지 않다. 하지만 한 가지 사실만큼은 분명하다. 십이진법에 기반을 두고 있었고, 이에 따라 동전 체계도 $\frac{1}{2}$, $\frac{1}{12}$, $\frac{1}{24}$, $\frac{1}{48}$, $\frac{1}{72}$, $\frac{1}{144}$, $\frac{1}{288}$ 라는 숫자들을 바탕으로 하고 있었다는 점이다. 나아가 $\frac{1}{2}$, $\frac{1}{12}$, $\frac{1}{24}$, $\frac{1}{48}$, $\frac{1}{72}$, $\frac{1}{144}$, $\frac{1}{288}$ 의 가치에 해당되는 동전들이나 $\frac{1}{3}$이나 $\frac{1}{4}$ 등 자주 활용되는 분수 단위의 동전들을 가리키는 이름도 존재했다.

한편, 이른바 '약용식 도량형apothecaries system'에서 쓰이는 단위, 즉 처방전이나 의약품 혹은 화장품 등에 주로 표기되는 단위들 역시 고대 로마의 동전 단위들에 기반을 두고 있다. 그중 1온스ounce는 $\frac{1}{12}$ 파운드에 해당되고, 1스크리풀룸은 $\frac{1}{24}$ 온스에 해당된다. 1드라크마drachma는 $\frac{1}{8}$ 온스, 즉 3스크리풀룸이다. 스크리풀룸은 그레인grain으로 분할할 수도 있는데, 1그레인은 $\frac{1}{20}$ 스크리풀룸이다. 지금도 대부분 서양 국가에서는 금값을 표시할 때에는 온스라는 단위를, 탄알에 장전되는 화약의 양을 표시할 때에는 그레인이라는 단위를 채택하고 있다.

　이미 눈치챈 독자들도 있겠지만 약용식 도량형 중 몇몇은 화폐 단위로 사용되고 있기도 하다. 그 이유는 아마도 고대 로마 시절의 동전이 금, 은, 동 등 값나가는 금속 소재들로 주조되었고, 이에 따라 동전 주조 시 사용된 재료의 무게가 곧 동전의 단위가 되는 경우가 많았기 때문이라고 추정된다. 예컨대 영국의 파운드화를 주조할 때에는 1파운드의 은이 소요되었고, 이탈리아의 리라를 제조할 때에는 1리라의 은이 필요했다. 참고로 1리라와 1파운드는 같은 무게이다. 지금도 파운드화를 의미하는 기호는 '£', 즉 'L'인데, 그 이유 역시 '리라'라는 무게 단위에서 비롯된 것이라고 추정하는 학자들이 적지 않다.

분수와 나눗셈의 상관관계

　분수는 '아직 답을 구하지 않은 나눗셈'이라 할 수 있다. 즉 $1 \div 4$를 $\frac{1}{4}$로 변환해도 아무런 문제가 없고, 나아가 둘의 가치 역시 동일한 것이다 ($1 \div 4 = 0.25$, $\frac{1}{4} = 0.25$). 다시 말해 나눗셈 기호를 분수 기호(/)로 대체해도 아무런 문제가 없는 것이다.

　실제로 물리학이나 공학 등 수식이 자주 등장하는 분야에서는 나눗셈 기호를 아예 쓰지 않는다. 모든 나눗셈 기호를 분수 기호로 대체해 버리는 것이다. 모두들 잘 알고 있겠지만, 이때 피제수dividend가 분자의 위치에, 제수divisor가 분모의 위치에 와야 한다.

이와 관련해 매우 유명한 공식 하나를 소개하겠다. 운동에너지를 구하는 공식으로, 운동에너지 공식은 질량에 속력을 곱한 값을 제곱한 뒤 그 값을 2로 '나누어서' 구할 수 있다. 하지만 운동에너지 공식을 '$mv^2 \div 2$'로 표시하는 학자는 거의 없다. 만약 있다면 그야말로 희귀족에 속할 것이다. 대신 해당 공식은 아래와 같이 분수로 표기한다.

$$E_{운동} = \frac{1}{2}mv^2$$

참고로 구체적 사물의 운동에너지가 정확히 얼마인지 계산하기 전까지는 위 공식에 나눗셈이 개입되지 않는다. 그냥 분수인 채로 놓아둘 뿐이다. 비단 공식에서뿐 아니라 여러 가지 수식에서도 정답이 얼마인지 굳이 구해야 할 필요가 없는 상황이라면 분수를 나누어서 소수로 표현하는 방식보다는 분수인 채로 놓아두는 편을 선호한다. 그 편이 더 간단하기 때문이다. 예를 들어 $\frac{\sqrt{2}}{2}$ 라는 숫자는 0.70107보다 짧고 간단할 뿐만 아니라 백퍼센트의 정확성을 보장해 주기도 한다! 나아가 소수가 아닌 분수로 공식을 나타낼 경우, 약분을 통해 길고 복잡한 수식을 간단하게 축약할 수 있다는 장점도 있다.

분수와 비율의 상관관계

분수를 비율로 나타낼 수도 있다. 반대로 비율을 분수로 변환할 수도 있다. 예를 들어 어떤 축구 시합에서 두 팀 간의 스코어가 4 : 2일 경우, 그 비율을 분수나 나눗셈으로 전환해 두 팀 간의 성적을 비교할 수 있다. 즉, 이기고 있는 팀의 골 개수가 지고 있는 팀의 골 개수의 '두 배'에 해당한다는 결론을 내릴 수 있는 것이다.

지도의 축척 역시 분수로 변환할 수 있다. '축척 scale'이란 지도가 실제보다 얼마나 축소되었는지를 비율로 나타낸 것이고, 대개 지도 한 귀퉁이에 '1 : 25,000'이라는 식으로 표기된다. 여기에서 1 : 25,000은 곧 $\frac{1}{25,000}$ 을 뜻한다. 예를 들어 축척이 1 : 25,000인 지도상에서의 3cm가 실제로 얼마큼의 거리인지를 알고 싶다면 1 ÷ 25,000에다가 3을 곱해 주면 된다. 그런데 곱셈과 나눗셈은 역수의 관계를 지닌다. 즉, 어떤 수를 예컨대 2로 나누나 $\frac{1}{2}$ 을 곱해 주나 결과는 같다는 것이다. 이에 따라 이 경우, 3cm에 25,000을 곱하면 실제 거리가 얼마인지 알 수 있다(75,000cm =750m).

분수와 각도의 상관관계

앞서 분수는 비율로 변환할 수 있다고 했는데, 분수나 비율을 일종의 각도로 해석할 수도 있다. 예를 들어 어떤 언덕의 경사각이 3 :4라는 말은 해당 각이 $\frac{3}{4}$ 혹은 3 ÷ 4라는 뜻이다. 즉 비율이 곧 각도가 된다는 말이다. 그런데 경사각이 $\frac{3}{4}$ 이라는 말은 어떤 직각삼각형의 밑변의 길이가 4이고 높이가 3이라는 말과 같다. 다음 그림을 보면 무슨 말인지 분명하게 알 수 있다.

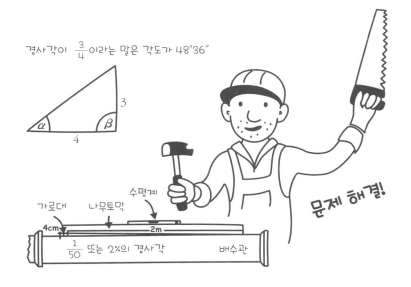

경사각이 $\frac{3}{4}$ 이라는 말은 각도가 48°36″

3

α β

4

수평계

가로대   나무토막

4cm   2m

$\frac{1}{50}$ 또는 2%의 경사각   배수관

문제 해결!

위 그림과 비슷한 직각삼각형 하나를 머릿속에 떠올려 보자. 이때 밑변의 길이는 4, 높이는 3이다. β각은 물론 90°이다. 위 수치들을 이용하면 α각의 크기도 구할 수 있다. 직각삼각형의 공식에 따라 $\frac{3}{4}$이 바로 그 값이 되는 것이다. 참고로 그 값은 그림에도 나와 있듯 48°36″이고, 이로써 문제가 깔끔히 해결되었다!

분수를 이용한 경사각 계산법은 실제 공사 현장에서도 유용하게 쓰인다. 예컨대 담장 위에 1.15°의 각도로 배수관을 설치하라는 주문이 들어왔다고 가정해 보자. 참고로 위 그림의 경우, 담장과 배수관의 각도가 1.15°가 되게 하려면 경사각이 정확히 $\frac{1}{50}$ 혹은 2%가 되어야 한다. 그런데 만약 공사 현장에 각도계가 없다면 어떻게 해야 할까? 다행히 해결책은 있다. 나무토막을 자른 다음 그 나무토막의 한쪽 끝을 가로대 위에 놓으면 되는데, 이때 가로대의 높이는 정확히 4㎝이어야 한다. 그런 다음 수평계를 이용하면 정확한 각도를 얻을 수 있다.

분수의 덧셈과 뺄셈

분수와 분수를 더하거나 빼기 위해서는 분모를 똑같이 변환해 주어야 한다. 즉 '통분reduction to common denominator'을 해 주어야 하는 것이다. 그러자면 분모가 서로 다른 두 개의 분수 사이에서 '공통분모common denominator'를 찾아내야 하는데, 두 분모의 '최소공배수least common multiple'가 공통분모가 된다.

$$\frac{1}{2} + \frac{1}{3} = \frac{3}{6} + \frac{2}{6} = \frac{5}{6}$$

피타고라스 수와 피타고라스 분수

'피타고라스 수Pythagorean triple'란 세 변의 길이가 $a^2 + b^2 = c^2$(비율로 표현하자면 $3:4:5$)이라는 피타고라스의 정리를 만족시키는 세 자연수의 쌍을 뜻한다. '피타고라스 분수'는 거기에서 파생된 것인 만큼, 해당 정리를 만족시키는 분수들의 쌍을 뜻한다. 예컨대 다음 분수들이 피타고라스 분수에 해당된다.

$$\left(\frac{1}{3}\right)^2 + \left(\frac{1}{4}\right)^2 = \left(\frac{5}{12}\right)^2$$

고대 이집트인들과 단위분수

고대 이집트인들은 분수의 활용에 있어 분자가 1인 분수들, 즉 '단위분수unit fraction'만을 활용했다. 이에 따라 아래 두 사례에서처럼 모든 분수를 단위분수의 덧셈이나 뺄셈으로 표현할 수밖에 없었다.

$$\frac{3}{4} = \frac{1}{2} + \frac{1}{4}$$
$$\frac{5}{6} = \frac{1}{2} + \left(\frac{5}{6} - \frac{1}{2}\right) = \frac{1}{2} + \frac{2}{6} = \frac{1}{2} + \frac{1}{3}$$

지금 시각에서 보자면 복잡하기 짝이 없는 표현 방식이다. 참고로 고대 이집트인들이 이런 식으로 분수를 표현했다는 사실이 알려진 것은 수학자이자 필경사筆耕士였던 아메스Aahmes가 남긴 한 권의 수학책 덕분이다. 해당 수학책은 '린드파피루스Rhind Papyrus'라 불리기도 하는데, 1858년, 영국의 변호사이자 이집트 학자, 고서 수집가인 헨리 린드Henry Rhind(1833~1863)가 이집트 룩소르의 어느 불법 고서점에서 해당 파피루스를 발견해 붙게 된 이름이다.

고대 인도인들의 분수 표기법

요즘 우리가 사용하는 숫자는 이른바 '아라비아숫자'이다. 그런데 이름과는 달리 아라비아숫자의 기원은 아라비아가 아니라 인도였다. 인도의 수학자들은 심지어 서기 600년경에 이미 지금 우리가 주로 사용하고 있는 숫자 체계를 이용해 분수를 표기했다고 한다. 물론 그 당시 분수 표기법과 지금의 표기법 사이에는 분명한 차이가 존재한다. 그 당시에는 분자와 분모 사이에 '줄'을 긋는 방식이 고안되지 않았고, 대분수인 경우에는 정수를 분자 위쪽에 기입했다고 한다.

분수의 곱셈과 나눗셈

> 분수를 곱셈할 때에는 분자는 분자끼리, 분모는 분모끼리 곱한다. 반면 분수를 나눗셈할 때에는 역수를 곱해 준다.

피보나치의 분수 표기법

레오나르도 피보나치 Leonardo Fibonacci(1180~1241년경)는 '피사의 레오나르도 다 빈치'로 불리기도 하지만 레오나르도 다 빈치 Leonardo da Vinci(1452~1519)와 결코 혼동해서는 안 될 만큼 위대한 수학자이다. 다

빈치의 업적이 별 볼 일 없어서가 아니라 피보나치의 업적이 그만큼 위대하기 때문이다. 적어도 수학으로 분야를 좁혔을 경우에는 피보나치가 남긴 업적들이 다 빈치의 업적보다 한 수 위이기 때문에 피보나치가 다 빈치보다 더 위대하다고 말하는 사람도 있다. 피보나치는 그 당시에 이미 인도식 숫자가 아닌 아라비아식 숫자 체계를 썼고 가로막대도 활용했는데, 이로써 분수 표기가 가능해졌고, 이는 그 당시 상인들에게 큰 도움이 되었다고 한다.

분수를 싫어했던 수학자 스테빈

분수가 포함된 연산을 죽도록 싫어한 수학자가 있었다. 플랑드르 지방의 수학자이자 기술자인 시몬 스테빈Simon Stevin(1548/49~1620)인데, 그가 분수에 대해 품은 의문과 불만은 한두 가지가 아니었다. 첫째, 스테빈이 보기에는 분수는 최소한 두 개 이상의 수로 구성되는데, 이는 자연수 체계와 맞지 않은 듯했다. 둘째, 어떤 값을 분수로 표기하는 방식이 너무 많다는 것도 문제였다. 예컨대 $\frac{3}{4}$ 이나 $\frac{6}{8}$, $\frac{21}{28}$, $\frac{33}{44}$ 의 절댓값은 결국 하나이지만 표기 방식은 모두가 다르다. 셋째, 분수가 포함된 수식을 계산할 때에는 약분이나 통분 같은 복잡한 과정을 거쳐야 할 때가 많고, 분수는 십진수의 자릿값 규칙에도 부합되지 않는다. 그중에서도 분수의 가장 큰 단점은 분수의 연산에 관한 규칙이 매우 독특해서 일반적인 자연수 계산 시 적용되는 규칙들과 들어맞지 않는다는 점이었다. 그런 이유로 스테빈은 결국 분수를 폐지해야 한다는 결론에 도달했다!

스테빈의 분수 폐지론과 그 결과

스테빈이 활동하던 당시에는 십진법 이외의 기수법들이 널리 통용되고 있었다. 그런데 1585년, 스테빈은 대담하게도 분수를 수학에서 완전히 몰아내고 십진법만 사용해야 한다고 주장했다. 즉, 화폐나 무게 단위 등을 포함한 일체의 도량형을 십진법 단위로 개량해야 한다고 주장한 것이었다. 하지만 스테빈의 주장은 받아들여지지 않았다. 지금 시각에서 보자면 시기상조였던 것이다.

그 뒤 스테빈의 제안은 프랑스 혁명을 즈음하여 마침내 받아들여졌고, 지금은 대부분의 유럽 국가들이 십이진법에 기초한 피트법보다 십진법에 기반을 둔 미터법의 편리성을 인정하고 있는 추세이다.

그렇다고 스테빈의 주장이 백퍼센트 관철된 것은 아니다. 앞서도 확인했고 지금의 현실을 둘러봐도 알 수 있듯 분수는 여전히 널리 사용되고 있고, 물리학 공식 분야에서는 심지어 '애용'되고 있기 때문이다!

백분율

백분율과 분수 그리고 삼단논법

'백분율 percent/percentage'이란 '기준값 base value'을 100으로 가정했을 때 '부분값 part value'이 차지하는 비율을 뜻한다. 백분율의 단위는 퍼센트 percent이고, 기호로는 '%'로 나타낸다. 기준값(B)과 부분값(P) 그리고 백분율(R) 사이의 관계를 나타내는 공식은 셋 중 어떤 수치를 알고 있느냐에 따라 달라지고, 그 공식들은 다음과 같다. 참고로 이때 백분율의 약어인 'R'은 '비율'을 뜻하는 영어 단어 'ratio'의 첫 글자를 딴 것이다.

첫째, 기준값(= 전체값)과 백분율을 알고 있을 경우, 부분값을 구하는 공식은 다음과 같다.

$$P = \frac{B \cdot R}{100}$$

둘째, 부분값과 백분율을 알고 있을 경우, 기준값을 구하는 공식은 다음과 같다.

$$B = \frac{P \cdot 100}{R}$$

셋째, 부분값과 기준값을 알고 있을 경우, 백분율을 구하는 공식은 다음과 같다.

$$R = \frac{P \cdot 100}{B}$$

백분율 계산이 어렵다는 학생들이 적지 않다. 하지만 여타 수학 분야들과 마찬가지로 백분율 역시 알고 보면 그다지 어렵지 않다. 삼단논법과 분수를 조합하는 것만으로 백분율을 쉽게 계산할 수 있기 때문이다. 참고로 삼단논법이란 'A이기 때문에 B이고, 이에 따라 C라는 결론이 나온다'라는 이론이다.

먼저 전체값과 백분율이 주어진 상태에서 부분값을 구해야 하는 경우부터 살펴보자. 예를 들어 2,300유로(전체값)의 17%(백분율)가 얼마(부분값)인지를 구해 보자. 이때 우리가 활용해야 할 공식은 다음과 같다.

$$P = \frac{B \cdot R}{100}$$

즉 B와 R이 얼마인지 알고 있는 상태에서 P가 얼마인지를 구해야 하는 것이다. 그중 B는 2300이다. 그런데 모두들 알다시피 모든 숫자는 분수로 변환할 수 있다. 가령 어떤 숫자 n과 값이 동일한 분수를 만들고 싶다면 숫자 n을 분모에 기입하고 분모에 1을 적어 넣으면 되는 것이다. 따라서 2300은 $\frac{2300}{1}$ 과 값이 동일하다. 나아가 백분율(%)은 전체값을 100으로 봤을 때 부분값이 차지하는 비율을 의미한다. 즉 17%는 $\frac{17}{100}$ 이 되는 것이다. 이제 이 정보들을 바탕으로 위 공식을 분수의 곱셈으로 변환할 수 있다. 분수의 곱셈 방식은 다음 수식에서처럼 분자는 분자끼리 분모는 분모끼리 곱하는 것이다.

$$\frac{17}{100} \cdot \frac{2300}{1} = \frac{17 \cdot 2300}{100 \cdot 1}$$

위 수식을 풀 때 분수의 곱셈을 활용할 수 있는 이유는 간단하다. 백분율이 기준값에 대한 '인수factor', 즉 어떤 연산 안에서 곱해지는 수로 작용하기 때문이다.

이에 따라 '전체값(100%)이 2,300유로일 때 그중 17%란 얼마일까?'란 질문에 거꾸로 접근할 수도 있다. 이는 삼단논법을 적용하는 것인데, 그 과정은 다음과 같다.

100%가 2,300유로라 했다.

⇨ 그중 1%는 2300 ÷ 100, 즉 23유로이다.

⇨ 이에 따라 17%란 23유로에 17을 곱한 값, 즉 391유로가 된다.

첫 번째 방법을 쓰든 두 번째 방법을 쓰든 같은 답이 나온다. 기준값 2300에 17을 먼저 곱한 뒤 100으로 나누나 기준값 2300을 일단 100으로 나눈 뒤 그 값에 17을 곱해 주나 답은 동일한 것이다. 하지만 아무래도 두 번째 방법이 조금 더 쉽게 느껴진다.

다음으로 부분값과 백분율이 주어진 상태에서 전체값을 구해야 하는 경우를 살펴보자. 그 기본 공식은 다음과 같다.

$$B = \frac{P \cdot 100}{R}$$

그렇다면 가령 부분값(내가 받은 이자)은 51,000유로이고 이자율은 8%라면 내가 투자한 원금(전체값)은 얼마일까?

이 경우에는 위 사례에서와는 정반대로 분수끼리 나눗셈을 해야 한다. 즉 부분값에다가 백분율을 나누어 주어야 하는 것이다. 그 이유 역시 명명백백하다. 자, 원금이 얼마인지는 아직 모른다. 그런데 거기에 8%, 즉 $\frac{8}{100}$ 을 곱했더니 51,000유로가 나왔다. 그렇다면 원금이 얼마인지 알아내기 위해서는 내게 돌아온 이자 51,000유로를 수익률인 $\frac{8}{100}$ 로 나누어 주어야만 하는데, 그 값을 구하는 과정은 다음과 같다.

$$\frac{51,000}{1} \div \frac{8}{100} = \frac{51,000 \cdot 100}{1 \cdot 8}$$

이번 사례에서도 물론 삼단논법을 적용할 수 있다.

8%가 51,000유로라 했다.

⇨ 그렇다면 1%는 51,000을 8로 나눈 값, 즉 6,375유로이다.

⇨ 이에 따라 전체값(100%)은 6,375에 100을 곱한 값, 즉 637,500유로가 된다.

마지막으로 부분값과 전체값이 주어진 상태에서 백분율이 얼마인지 구해야 하는 경우를 살펴보자. 그 기본 공식은 다음과 같다.

$$R = \frac{P \cdot 100}{B}$$

자, 부분값이 25,927유로이고 전체값이 235,700이라면 부분값의 백분율은 얼마가 될까? 그 값은 아래 수식에서처럼 분수를 이용하는 것만으로도 간단히 구할 수 있다.

$$\frac{R}{100} = \frac{P}{B} = \frac{25,927}{235,700}$$

이번에도 당연히 삼단논법으로 정답에 접근할 수 있다.

100%(전체값)가 235,700유로라 했다.

⇨ 그렇다면 1%는 235,700을 100으로 나눈 값, 즉 2,357유로이다.

⇨ 이에 따라 25,927유로를 2,357유로로 나누면 내가 구하고자 하는 부분값이 나오고, 그 값은 0.11, 즉 11%가 된다.

지금까지 분수나 삼단논법을 통해 기준값(전체값)이나 부분값 혹은 백분율을 구하는 방법에 대해 알아보았다. 그리고 그 방법은 의외로 간단했다. 주어진 두 개의 값을 대입한 뒤 분수의 곱셈이나 나눗셈을 적용하면, 혹은 삼단논법을 이용하면 원하는 답을 금세 구할 수 있었다.

분수를 이용한 백분율 예측

백분율을 분수로 변환하면 특정 부분이 전체에서 차지하는 비율을 쉽게 머릿속에 떠올릴 수 있다. 그런데 이때 반올림을 하거나 약분을 해야 하는 경우도 적지 않다. 예컨대 독일은 공산품이나 서비스 상품에 대해 19%의 부가가치세를 부과하는데, 그 액수가 대략 얼마인지 알고 싶을 때 19%라는 숫자보다는 반올림해서 20%라 생각해 버리면 아무래도 암산하기가 편해진다. 즉 $\frac{20}{100}$ 혹은 $\frac{1}{5}$ 이라는 수를 이용해 부가가치세액을 계산하는 편이 더 편한 것이다. 따라서 어떤 상품에 부가가치세가 붙기 전 가격이 60유로인 경우 얼마의 부가가치세를 지불해야 하는지 미리 알고 싶다면 60유로에 $\frac{1}{5}$ 을 곱하면 되는 것이다.

반대로 어떤 상품의 가격표에 이미 부가가치세가 포함되어 있는데 이 부가가치세가 얼마인지 알고 싶다면 약간의 주의가 필요하다. 해당 가격표에 적힌 가격에 이미 부가가치세가 포함되어 있는 만큼 이번에는 $\frac{1}{5}$ 이 아니라 $\frac{1}{6}$ 을 곱해야 비교적 정확한 수치를 얻어낼 수 있다. 다시 말해 어떤 물건의 부가가치세가 포함된 가격이 90유로라면 그중 약 $\frac{1}{6}$ 인 15유로는 부가가치세라고 어림짐작해도 된다는 말이고, 이에 따라 해당 물건의 부가가치세를 제외한 가격은 아마도 75유로쯤 될 것이다. 실제로 75유로에 15유로를 더하면 90유로가 나온다. 즉, 그만큼 이 어림짐작 방식이 정확하다는 것이다.

독일은 책이나 농산품에 대해서는 부가가치세를 19%가 아니라 7%만

부과하고 있는데, 그 경우에는 $\frac{1}{14}$ 혹은 $\frac{1}{15}$ 라는 분수를 이용하면 쉽게 계산할 수 있다. 즉 가격표에 부가가치세가 포함되지 않은 경우 부가가치세가 얼마인지 알고 싶다면 $\frac{1}{14}$ 를, 반대로 부가가치세가 포함된 가격에서 부가가치세가 얼마인지 알고 싶다면 $\frac{1}{15}$ 를 적용하면 되는 것이다.

기계의 효율과 소수

우리가 사용하는 대부분의 기계들은 아쉽게도 100%의 효율을 자랑하지는 못한다. 투입된 에너지에 비해 결과물이 시원찮을 때가 훨씬 더 많은 것이다. 고효율을 자랑하는 경유 자동차 엔진의 효율 역시 40%밖에 되지 않는다. 연료에 내포되어 있는 화학적 에너지 중 약 40%만이 동력 에너지로 전환되는 것이다. 참고로 기계의 효율은 백분율뿐 아니라 0부터 1 사이의 소수로도 나타낼 수 있다. 예컨대 효율이 40%인 경우, 0.4로 표현할 수도 있는 것이다.

그런데 여러 개의 기계가 연속적으로 작동하는 경우도 적지 않다. 자동차의 엔진과 기어 그리고 차동장치가 그 좋은 사례이다. 이에 따라 자동차의 효율을 계산하자면 세 장치의 값을 곱해 주어야만 한다. 즉 엔진과 기어 그리고 차동장치differential gear의 효율을 곱해야 비로소 원하는 값을 얻을 수 있는 것이다. 이 경우, 분수 형태의 백분율보다는 소수를 이용하는 편이 훨씬 더 편하다. 즉 어떤 자동차의 엔진의 효율은 32%이고, 기어의 효율은 95%, 차동장치의 효율 역시 95%일 때 해당 자동차 엔진부 전체의 총효율은 다음 공식으로 구할 수 있다.

$$\eta_{총효율} = \eta_{엔진} \cdot \eta_{기어} \cdot \eta_{차동}$$
$$\eta_{총효율} = 0.32 \cdot 0.95 \cdot 0.95$$
$$\eta_{총효율} = 0.288$$

백분율 안에 다시 백분율이 포함된 경우에도 소수의 곱을 이용해 원하는 값을 구할 수 있다. 예를 들어 어떤 가게의 하루 매출이 1,200유로이고 그중 순수익이 50%이며 내가 참여한 지분이 30%인 경우 매일 내게 배당되는 금액은 다음 공식을 이용해서 구할 수 있다.

1,200유로 × 0.5 × 0.3 = 180유로

6. 이차방정식

포물선

포물선

'포물선parabola'이란 평면 위에 점(F)이 하나 있고 그 점을 지나지 않는 직선(L)이 하나 있을 때 L에서 F에 이르기까지의 거리가 같은 점들의 집합을 뜻한다. 예컨대 $f(x)=x^2$은 일차포물선이고, $f(x)=ax^2+bx+c$는 이차포물선이다. 참고로 일차포물선은 이차포물선의 특별한 형태로, $a=1$이고 b와 c는 0인 형태의 포물선이다.

포물선은 진공 상태에서 물체를 수평 방향으로 비스듬하게 던졌을 때 해당 물체가 그리는 동선을 의미하기도 하는데, 이 경우에도 초점과 준선과의 거리는 역시나 동일하다. 즉, 직선운동 및 포물선 운동을 하는 자유낙하 물체에 가속도가 붙었을 때 해당 물체는 결국 포물선을 그리게 되는 것이다.

포물선의 초점

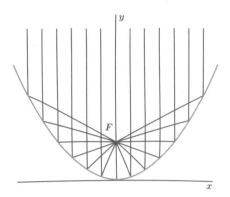

포물선 안의 선들은 모두 초점에 집결된다.

위 그림에서 보듯 세로축인 y축을 따라 포물선 안으로 떨어지는 선들을 포물선에 반사시키면 모든 점들이 결국 하나의 점, 즉 포물선의 초점 F, focus 으로 집결된다. 이 원리를 이용하면 햇빛과 태양에너지를 한 점에 모아 에너지로 전환할 수도 있고, 포물선 반사경 parabolic reflector 을 이용해 반사망원경 reflectig telecsope 도 제작할 수 있다.

포탄 발사와 포물선 운동

포탄을 쏠 때에도 포물선 운동의 원리를 이용한다. 높은 산 너머의 목표물을 명중시켜야 할 때 포물선 운동을 고려해서 발사 지점과 발사 각도를 정하는 것이다.

이때 포탄의 양이나 무게는 발사 당시의 속도를 결정하고, 포신^{砲身}의 각도, 즉 대포관의 각도는 포탄이 나아갈 각도를 결정한다. 목표물을 명중하고 싶다면 당연히 공기 저항이나 바람의 방향도 고려해야 한다.

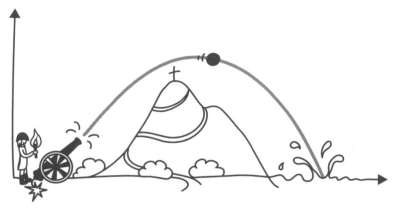

계산만 정확히 한다면 눈을 감고도 포탄을 물속에 빠뜨릴 수 있다!

총알의 궤적과 포물선

총탄 역시 포물선을 그리며 날아간다. 때문에 목표물이 수평선상에 있을 때에도 조준은 약간 높게 해야 한다. 그래야 총알이 포물선을 그리며 날아가는 탓에 발생되는 오차를 상쇄할 수 있기 때문이다. 하지만 사거리가 150m 이내라면 총포에 장착된 조준경을 잘 조정하는 것만으로도 오차를 상쇄할 수 있다.

한편, 방아쇠를 당기는 순간 포물선을 그리며 목표 지점을 향해 날아가는 과정에서 총알의 궤적이 조준선$^{\text{line of sight}}$과 교차한다. 이때 그 교차점

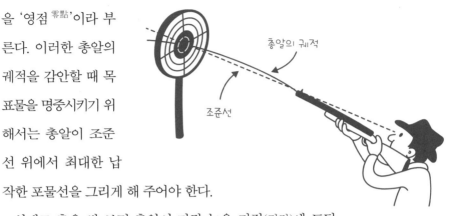

을 '영점零點'이라 부른다. 이러한 총알의 궤적을 감안할 때 목표물을 명중시키기 위해서는 총알이 조준선 위에서 최대한 납작한 포물선을 그리게 해 주어야 한다.

　실제로 총을 쏴 보면 총알이 가장 높은 지점(정점)에 도달했을 때 총알과 조준선과의 거리는 약 4㎝로, 사냥용 소총의 경우 대개 100m 지점에서 총알이 정점에 도달한다고 한다. 즉 사냥용 소총은 발사 지점으로부터 약 100m 지점에서 총알이 조준선보다 4㎝가량 높아지도록 조준하면 되는 것이다. 다행히 모든 총탄 박스에는 해당 총알을 발사했을 때 영점까지의 거리가 얼마인지 표기되어 있다. 그 수치를 기준으로 100m 거리에서 사격을 했을 때, 탄도와 조준선이 영점에서 교차하도록 하려면 최대 정점과 조준선의 거리가 얼마여야 할지 설정해 주면 되는 것이다. 하지만 총을 쏠 때마다 일일이 영점을 조정하기란 쉽지 않다. 또 대부분의 총들이 100m 거리일 때, 4㎝로 설정해 주는 것만으로 충분하다고 한다.

석궁과 활의 조준

총알이 날아가는 속도가 빠를수록 총알의 궤적은 납작해진다. 포물선보다는 직선에 더 가까워지는 것이다. 따라서 탄속이 빠를수록 탄도와 조준선이 영점에서 교차하게 하기 위한 발사거리도 길어져야 한다. 사실 사격선수들은 그 거리를 조정할 필요가 없다. 늘 똑같은 지점에서 총을 발사하므로, 해당거리에 대해 '영점 조준 zeroing'만 해 주면 되기 때문이다. 다시 말해 조준점과 탄착점이 일치하도록 가늠자와 가늠쇠를 조정해 주기만 하면 되는 것이다.

하지만 석궁이나 재래식 활로 쏜 화살의 비행 속도는 총알보다 훨씬 느리기 때문에 화살을 쏠 때마다 거리를 새로 조정해야 한다. 그뿐 아니라 발사거리에 따라서도 조준 방식이 달라져야 한다. 즉 발사거리가 길어질수록 더 높게 조준해야 비로소 목표물을 명중시킬 수 있는 것이다.

이항식

이항식의 덧셈, 뺄셈, 곱셈, 제곱

> 이항식의 첫 번째 공식: $(a+b)^2 = a^2 + 2ab + b^2$
>
> 이항식의 두 번째 공식: $(a-b)^2 = a^2 - 2ab + b^2$
>
> 이항식의 세 번째 공식: $(a+b) \cdot (a-b) = a^2 - b^2$

'이항식'이라는 이름의 유래

'이항식^{binomial}'이란 말 그대로 항이 두 개인 수식을 뜻한다. 영어로는 'binomial'이라 부르는데 그중 'bi'는 '둘'을 뜻하는 라틴어 단어이고, 'nomial'은 '이름'을 뜻하는 라틴어 단어 'nomen'에서 온 것이다. 'binomial'이라는 말이 이탈리아의 수학자 알레산드로 비노미$_{Allessandro\ Binomi}$(1727~1643!)와 그의 친척인 프란체스코 비노미$^{Francesco\ Binomi}$(1472~1483!)의 이름에서 따 온 것이라는 말도 있지만, 이는 입담가들이 만들어낸 우스갯소리에 불과하다. 알레산드로와 프란체스코가 가상의 인물이라는 것은 두 사람의 출생연도와 사망연도만 들여다 봐도 알수 있다. 그런데 이 우스갯소리 속에 중대한 사실 하나가 숨어 있다. 수학자들의 유머 감각을 확인할 수 있는 순간이기 때문이다. 그렇다, 수학자라고 해서 늘 심각하고 따분하기만 한 것은 아니다!

단위가 큰 수들의 제곱

이항식과 관련된 공식들을 잘 활용하면 단위가 큰 수들의 제곱도 쉽게 구할 수 있다. 해당 수를 두 수의 합이나 차로 분리한 다음, 앞서 소개한 첫 번째나 두 번째 공식을 활용하면 되는 것이다.

예컨대 312라는 숫자의 제곱을 구해야 한다고 가정해 보자. 이때 312라는 숫자를 '300 + 12'로 분리하면 셈이 간단해진다. 이때 300^2이 90,000이고 12^2은 144라는 정도는 암산으로도 해결할 수 있다. 이제 이 내용을 첫 번째 이항 공식에 적용해서 전개하면 최종정답을 구할 수 있다.

$$(a+b)^2 = a^2 + 2ab + b^2$$
$$(300+12)^2 = 300^2 + 2 \cdot 300 \cdot 12 + 12^2$$
$$= 90,000 + 7,200 + 144$$
$$= 97,344$$

이번에는 제곱해야 할 숫자가 196이라고 가정해 보자. 196은 '200 − 4'이다. 200^2은 40,000이고, 4^2은 16이다. 그 수를 두 번째 이항 공식에 적용하면 다음과 같다.

$$(a - b)^2 = a^2 - 2ab + b^2$$
$$(200 - 4)^2 = 200^2 - 2 \cdot 200 \cdot 4 + 4^2$$
$$= 40{,}000 - 2 \cdot 200 \cdot 4 + 16$$
$$= 39{,}616$$

위와 비슷한 유형의 문제를 계속 풀다 보면 나중에는 연필과 종이 없이 암산만으로도 최종정답을 구할 수 있다. 그런 의미에서 볼 때 수학의 본질은 어쩌면 연산을 많이 하는 것이 아니라 연산과정을 최대한 줄이는 과정이라 할 수 있다!

제곱근 공식

이차방정식의 근의 공식

제곱근 공식은 학생들로 하여금 머리를 싸매게 만드는 대표적 수학 공식에 속한다. 제곱근의 공식은 예컨대 $ax^2 + bx + c = 0\,(a \neq 0)$이라는 이차방정식을 풀 때 활용된다.

$$x = \frac{-b \pm \sqrt{b^2 - 4ac}}{2a}$$

한편, 일반형 방정식의 경우에는, 다시 말해 $x^2 + px + q = 0$이라는 형태의 방정식이라면 아래와 같이 좀 더 간단한 제곱근 공식으로 해를 구할 수 있다.

$$x = \frac{-p \pm \sqrt{p^2 - 4q}}{2}$$

바빌로니아인들과 이차방정식

각종 역사적 기록들에 따르면 바빌로니아의 수학자들도 이미 이차방정식의 답을 구할 수 있었다고 한다. 예컨대 어느 사각형의 밑변과 높이의 합이 80이고 넓이가 1,500인 경우, 밑변과 높이가 각각 얼마인지 구할 수 있었던 것이다.

위 정보를 바탕으로 다음과 같은 식을 만들 수 있다.

$$x(80-x)=1500$$

위의 공식은 다시 아래와 같이 변환할 수 있다.

$$80x - x^2 = 1500$$
$$x^2 - 80x + 1500 = 0$$

이로써 $a - b - c$ 꼴의 이차방정식 하나가 탄생했다.

고대 바빌로니아인들은 위와 같은 문제를 풀 때 제곱근 공식 대신 '두 수의 합의 제곱은 두 수의 차를 제곱한 값에 두 수의 곱에다가 4를 곱한 값을 더한 것과 동일하다'는 원칙을 이용했다. 말로 풀어서 설명하니 복잡하게 들리지만 공식으로 표현하면 간단하다. 즉 다음과 같은 하나의 공식이 완성되는 것이다.

$$(a+b)^2 = (a-b)^2 + 4ab$$

이제 여기에 위의 숫자들을 대입해 보자.

$$80^2 = (a-b)^2 + 4 \cdot 1500$$
$$6400 = (a-b)^2 + 6000$$
$$(a-b)^2 = 400$$
$$a - b = 20$$

바빌로니아의 수학자들은 위 방식을 이용해 두 수의 차가 20이라는 사실을 알아냈다. 즉 두 수의 합 S, sum이 80이라는 정보에 두 수의 차 D, difference가 20이라는 정보가 더해진 것이었다. 초등학생도 알다시피 '합'은 두 수를 더한 값이고 '차'는 두 수를 뺄셈으로 연산한 값이다. 즉 다음과 같은 공식이 성립하는 것이다.

$$S = a + b$$
$$D = a - b$$

이로써 또 한 가지 사실이 분명해졌다. $D(a-b)$를 $S(a+b)$로 바꾸고 싶다면 D에다가 b를 두 번 더해 줘야 한다는 것이다. $(a-b)$에다가 b를 한 번만 더하면 답이 a가 되어 버리니, 거기에 다시 한 번 b를 더해 줘야 D가 S로 전환된다. 그리고 그 말은 곧 b가 S에서 D를 뺀 값$(S-D)$을 2로 나눈 것과 같다는 뜻이다. 따라서 다음과 같은 연산이 가능해진다.

$$S = D + 2b$$

$$b = \frac{(S-D)}{2}$$

$$b = \frac{(80-20)}{2} = 30$$

남은 작업은 a가 얼마인지를 구하는 것뿐인데, 그야말로 식은 죽 먹기이다. a와 b의 합이 80이라는 걸 이미 알고 있으니 a는 당연히 50이 된다. 마지막으로 밑변이 50이고 높이가 30인 경우 정사각형의 면적이 얼마인지만 확인하면 된다. 사각형의 넓이를 구하는 공식은 밑변에 높이를 곱한 값이고, 이에 따라 해당 사각형의 면적은 1,500이 된다. 증명 끝!

유클리드와 정사각형

제1장에서 '원적문제'라는 개념을 소개한 적이 있다. 자와 컴퍼스만으로 주어진 원과 면적이 같은 정사각형을 그리는 것에 관한 내용이었다. 내로라하는 수학자들이 도전에 도전을 거듭했지만 그 문제는 해결되지 않았고, 그러던 와중에 1882년, 린데만이 거꾸로 원적문제의 불가능성을 증명했다. 원적문제를 둘러싼 논란과 연구에 최종적으로 마침표를 찍은 것이다. 하지만 그와 비슷한 문제, 즉 주어진 사각형과 넓이가 동일한 정사각형을 그리는 과제는 지금도 많은 수학자들의 사랑을 받고 있다.

사실 주어진 사각형과 넓이가 같은 정사각형을 그리는 것에 관한 문제는 이미 해결되었다. 소수의 유한성을 증명해낸 유클리드가 또 한 번의 쾌거를 올린 것이다.

자와 컴퍼스를 쓸 필요도 없다. 아주 간단한 형태의 이차방정식을 푸는 것만으로도 충분하다. 예컨대 주어진 사각형의 높이가 l, 밑변이 b라고 했을 때 우리가 만들어내려는 정사각형의 대각선의 길이(a)에 대해서는 다음 공식이 성립된다.

$$a = \sqrt{(l \cdot b)}$$

참고로 여기에서도 반복법이 도움이 될 수 있다. 앞서 소개했듯 '헤론의 제곱근 풀이법'이라고도 불리는 반복법이란 근삿값을 대입하는 과정을 반복함으로써 정답에 더더욱 가까이 다가가는 방식이다.

미하엘 슈티펠과 이차방정식

미하엘 슈티펠Michael Stiefel(1487~1567)은 르네상스 시대에 독일 에슬링겐에서 태어난 신학자 겸 종교개혁가 겸 수학자이다. 《산술백과 Arithmetica integra》라는 수학사에 길이 남을 역작을 남기기도 했지만, 슈티펠은 무엇보다 이차방정식 이론을 발전시킨 것으로도 유명하다. 이차방정식의 일반형($x^2 + px + q = 0$) 역시 슈티펠의 작품이다. 그는 제곱근이 음수인 이차방정식의 해를 구하는 방식을 개발하기도 했는데, 이는 대수학자 유클리드조차도 해결하지 못했던 과제였다. 그런데 생각해 보면 그럴 수밖에 없었다. 고대 그리스 시절에는 방정식을 수식이 아닌 넓이에 관한 문제로 접근했고, 게다가 음수라는 개념조차 알려져 있지 않았으니 말이다.

미하엘 슈티펠과 종말론

슈티펠의 삶은 그다지 평탄하지 못했다. 종말론 발표 당시의 상황은 그중에서도 하이라이트였다고 할 수 있다. 슈티펠은 지구 멸망 날짜가 언제인지를 수학적으로 계산하고 그 결과를 공개했는데, 그 과정에서 크나큰 실수를 저질렀다. 자신이 살아 있는 동안에 맞이하게 될 날짜를 지구 멸망의 날로 지목한 것이었다! 슈티펠이 예언한 지구 멸망 시각은 1533년 10월 19일 오전 8시였다. 문제는 그 당시 목사 신분이었던 슈티펠이 그 사실을 자신의 교회 강대상에서 발표했다는 것이다.

그 여파는 그야말로 엄청났다. 수많은 이들이 자살했고, 농사일에서 아예 손을 놓아 버린 농부들도 속출했다. 하지만 문제의 그날이 와도 지구는 멸망하지 않았고, 그 덕분에 슈티펠은 이루 말할 수 없는 고초를 겪어야 했다. 체면을 구기는 정도로 그쳤다면 '고초'라는 표현을 쓰지도 않았을 것이다. 슈티펠은 심지어 철창신세를 져야 했고, 다행히 몇 주 뒤 자유의 몸이 되기는 했지만 이미 목사직을 박탈당한 이후였다.

7. 구

원

원의 둘레

파이(π)는 원이나 구^{球}와 관련해 늘 등장하는 중요한 개념이다. 예컨대 원의 둘레 L도 원의 반지름에 파이를 곱해서 구할 수 있다.

$$L = R \cdot \pi$$

그런데 모두들 알다시피 원의 지름은 반지름(r)에 2를 곱한 값이다. 이에 따라 위 공식을 다음과 같이 변환할 수도 있다.

$$L = 2\pi r$$

π의 근삿값 구하기

π는 무리수이고, 수학에서는 없어서는 안 될 중요한 개념이며 공학 분야에서 π의 중요성은 아무리 강조해도 지나침이 없을 정도이다. 이런 π의 근삿값은 정다각형을 이용해서 구할 수 있다. 예컨대 다음 그림은 정육각형을 이용해 π의 정확한 값에 접근하는 방식을 표현한 것이다. 먼저

그림에서 정육각형을 6등분한 각인 δ는 60°가 된다. 원 한 바퀴의 각이 360°이니 그것을 여섯 개로 나누면 당연히 60°가 나오는 것이다. 이는 몇 개의 각을 지니고 있든 정다각형을 각의 개수로 분할하면 똑같은 결과가 나온다. 즉

π의 근삿값 구하기

n각형인 경우, 균등하게 등분한 한 각의 크기는 $\dfrac{360°}{n}$가 되는 것이다. 이에 따라 위 그림에서 직각삼각형 ABC의 한 각인 α의 크기는 30°가 되고, 이는 다시 $\dfrac{360°}{2n}$로 바꾸어 쓸 수도 있다. 그런가 하면 α각의 대변(a)의 길이는 정육각형의 한 면의 길이의 정확히 절반에 해당되고, 이를 공식으로 표현하면 $a = \sin(\alpha)c$가 된다. 따라서 우리는 위 그림 속 정육각형의 둘레의 길이를 다음과 같이 계산할 수 있다.

$$L = 12 \cdot \sin(30°) \cdot r$$

이때 $r = 1$이라 가정한다면 다음과 같은 추론이 가능하다.

$$L = 12 \cdot 0.5 \cdot 1$$

$$L = 6$$

위 공식을 다른 방식으로 해석할 수도 있다. 정육각형의 한 면의 길이가 외접원의 반지름과 같다는 점에 착안해서 접근해 보는 것이다. 참고로 자와 컴퍼스를 이용해 정육각형을 그릴 수 있는 이유도 바로 이러한 원리에 바탕을 두고 있다. 이에 따라 외접원의 반지름에다 6을 곱하면 정육각형의 둘레의 길이가 나온다. 이 원칙은 정육각형뿐 아니라 그 외의 모든 정다각형에도 적용할 수 있다. 즉 정 n각형에 대해 다음과 같은 공식이 적용되는 것이다.

$$L = 2n \cdot \sin\left(\frac{360°}{2n}\right) \cdot r$$

그런데 아직 한 가지 문제가 남아 있다. 지금까지의 계산을 통해 위 그림 속 정육각형의 둘레는 구했지만, 해당 정육각형의 각 면 위에는 납작한 원호가 하나씩 남아 있다. 아직은 그 원호의 길이가 제대로 반영되지 않았고, 그런 만큼 지금까지 우리가 구한 정육면체의 둘레와 정육면체를 둘러싼 원의 둘레 사이에는 비교적 큰 오차가 존재하는 것이다. 때문에 원둘레와 관련해서는 아래와 같이 표기할 수밖에 없다.

$$2\pi r \approx 2n \cdot \sin\left(\frac{360°}{2n}\right) \cdot r$$

우리가 흔히 알고 있는 등호인 '=' 대신 '물결 등호($\approx$)'를 사용해야 하는 것이다. 여기에서 물결 등호는 '거의 같다, 가깝다'를 의미하며, 위 수식에서는 일반적 등호가 아닌 물결 등호를 사용해야 마땅하다. 등호의 좌변이 정육각형의 둘레의 길이(U)가 아니라 $2\pi r$, 즉 해당 다각형을 둘러싼 외접원의 둘레를 의미하기 때문이다.

그런데 위 공식을 자세히 살펴보면 좌변과 우변 모두에 '$2r$'이라는 요소가 포함되어 있다. 이에 따라 위 수식을 아래와 같이 정리할 수 있다.

$$\pi \approx n \cdot \sin\left(\frac{360°}{2n}\right)$$

이때 n이 클수록 π의 근삿값은 참값에 가까워진다. 다시 말해 오차가 줄어드는 것이다. 그런 다음 십진 소수를 제대로 계산해낼 수 있는 컴퓨터 소프트웨어까지 활용한다면 근삿값 오차는 당연히 더더욱 줄어든다.

그렇다, n의 수가 커질수록 실제 원주에 더 가까운 값을 구할 수 있는 것이다. 하지만 그렇다고 해서 정천각형, 정만각형을 그릴 수는 없다. 수학자들이 '극한 limit'(수식에서는 줄여서 'lim'라고 쓰고 '리미트'라고 읽음)이라는 개념을 도입한 것도 그 때문이다.

$$\pi = \lim_{n \to \infty}\left(n \cdot \sin\left(\frac{360°}{2n}\right)\right)$$

참고로 위 수식을 읽을 때에는 '파이는 대략 리미트 n이 무한대로 갈 때, n 곱하기 4인 $2n$ 분의 $360°$의 극한값'이라 읽는다.

쇠파이프를 구부려서 고리 만들기

강철 등 단단하고 두꺼운 금속 막대기를 잘라 일정한 크기의 고리를 만들고 싶다면 절단부의 위치를 정확하게 결정해야 한다. 고리의 지름을 정확하게 계산한 뒤 거기에 맞춰 파이프를 절단해야 하는 것이다. 물론 π을 이용하면 원의 둘레를 쉽게 구할 수 있다. 문제는 두꺼운 막대기를 자른 뒤 굽혀서 원을 만들었을 때 고리 안쪽의 지름과 고리 바깥쪽의 지름이 서로 다르다는 것이다. 그렇다고 해결 방법이 없는 것은 아니다. 외지름과 내지름의 중간에 있는 지름, 즉 '중립축 neutral axis'을 선택하면 되기 때문이다. 중립축이란 재료가 수축하지도 팽창하지도 않는 축, 즉 수직응력도가 0이 되는 축을 뜻한다.

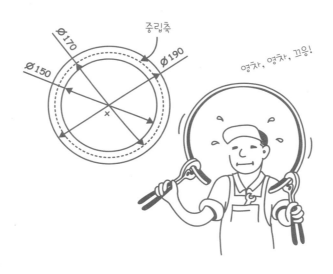

원호의 길이

앞서 공학계산기 속 비밀 버튼에 관해 얘기하면서 각도를 측정하는 여러 가지 방법과 단위를 소개한 적이 있다. 그중 하나는 우리가 잘 알고 있는 도수법^{DEG}, 즉 한 바퀴를 360°로 정해 둔 방식이었고, 두 번째 방법은 그래드법^{GRAD}이었다. 그래드법에서는 곤^{gon}이라는 단위를 활용하며 한 바퀴가 400gon이 된다. 세 번째 방법은 라디안법^{RAD}이다. 라디안법에 대해서는 앞서 맛보기식으로 조금만 소개했는데, 라디안법 역시 공학용 계산기로 계산이 가능한 각도 측정법이다.

라디안법은 참고로 '호도법'이라고도 불리고, '라디안^{rad}' 혹은 '호도'라 불리는 단위를 사용한다. 예컨대 반지름과 원호가 둘 다 r이라면 해당 부채꼴의 중심각의 크기가 1라디안 (rad) 혹은 1호도가 되는 것이다.

호도법을 좀 더 자세히 이해하기 위해 우선 반지름이 1인 원, 즉 '단위원$^{unit\ circle}$'을 머

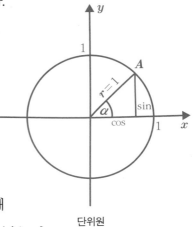

단위원

릿속에 떠올려 보자. 자, 원의 둘레를 구하는 공식은 이미 모두들 알고 있다. '반지름 × 반지름 × 3.14(π)'가 바로 그것이다. 이에 따라 호도법에서 말하는 한 바퀴는 2π라디안이 된다. 나아가 단위원의 부분각을 '$\frac{2\pi}{n}$라디안'의 형태로 표현할 수도 있다. 즉 해당 원을 한 바퀴 빙 돌았을

때의 각도($360°$)는 라디안으로 환산하면 2π 라디안이 되고, 반원의 각도 ($180°$)는 π 라디안이 되는 것이다. 각도가 $90°$인 경우에는 $\dfrac{2\pi}{4}$ 라디안 ($=\dfrac{1}{2}\pi$ 라디안), $45°$인 경우에는 $\dfrac{2\pi}{8}$ 라디안($=\dfrac{1}{4}\pi$ 라디안)이 된다.

  그런데 여러 차례 강조했듯 공학 분야에서는 참값에 가까운 근삿값을 구하는 것만으로도 충분하다. 예를 들어 $\dfrac{1}{2}\pi$ 라디안(직각)을 1.507로 환산하는 것만으로도 충분하다는 것이다. 이렇게 특정 각을 호도법에 따라 계산한 뒤 십진 소수로 전환했을 때의 가장 큰 장점은 부채꼴의 호의 길이를 손쉽게 구할 수 있다는 것이다. 반지름에다가 중심각의 크기를 곱해 주기만 하면 호의 길이가 나오기 때문에 굳이 $\dfrac{a}{360°}$ 가 포함되는 수식과 힘겨운 씨름을 할 필요가 없어지는 것이다.

원의 넓이

원의 넓이를 구하는 공식은 다들 알다시피 아래와 같다.

$$S_원 = \pi r^2$$

'무리'한 관계

원의 둘레와 지름 사이에는 '무리'한 관계가 성립된다. '유리한' 관계는
성립될 수 없다! 즉 적어도 둘 중 하나는 무리수여야 하는 것이다. 만약 원
주가 유리수라면 지름은 반드시 무리수여야 하고, 지름이 유리수라면 원
주는 반드시 무리수일 수밖에 없다. 그 이유는 바로 원주의 길이를 구할
때 포함되는 π가 무리수이기 때문이다. 만약 파이가 유리수였다면 원주
가 유리수일 때 지름도 유리수가 되고, 반대로 지름이 유리수일 때 원주도
유리수가 된다. 즉 그 둘 사이에 '유리'한 관계가 성립되는 것이다. 하지만
모두들 알다시피 파이는 무리수이고, 그 때문에 원주와 지름은 영원히 '무
리'한 관계로 남아 있을 수밖에 없다!

원기둥

원기둥의 부피와 겉넓이

원기둥의 부피를 구하려면 밑면의 넓이에 높이를 곱해야 한다.

$$V_{원기둥} = S \cdot h$$

혹은 다음과 같이 π를 이용해서 좀 더 자세하게 표현할 수도 있다.

$$V_{원기둥} = \pi r^2 h$$

원기둥의 겉넓이는 옆면의 넓이에 윗면 넓이와 밑면 넓이를 더해서 구할 수 있다. 먼저 옆넓이를 구하는 공식부터 살펴보면 다음과 같다.

$$S_{원기둥의 옆넓이} = 2\pi rh$$

이에 따라 원기둥 전체의 겉넓이는 옆넓이에다가 위쪽과 아래쪽에 있는 원의 넓이를 더해 줌으로써 구할 수 있다.

$$S_{원기둥의 겉넓이} = 2\pi rh + 2\pi r^2$$

참고로 원기둥은 직사각형을 한 바퀴 돌린 회전체이고, 이때 직사각형의 한 변이 회전축이 된다.

원기둥과 관련된 수치를 구할 때에도 π가 유용하게 쓰인다. 단, 이때 π는 직접적이 아니라 간접적으로 활용된다. 본디 각기둥의 부피는 밑면의 넓이에 높이를 곱해 주면 되는데, 원기둥에 대해서도 그 원칙은 적용된다. 단, 원기둥의 경우, 밑면이 다각형이 아니라 원이기 때문에 밑면의 넓이를 구하기 위해 π가 '출동'해야 한다.

자동차의 배기량과 π

자동차나 오토바이의 배기량은 대개 2,000cc 혹은 3,000cc 등 똑 떨어지는 숫자로 표기된다. 하지만 '정직한' 광고들에서는 '2,000cc급 차량'이라는 식으로 표시되어 있다. 즉 2,000이라는 숫자가 정확하지 않다는 것을 '급級'이라는 말을 통해 넌지시 언급하고 있는 것이다. 예컨대 2,000cc급 배기량은 실제로는 1,984cc를 뜻한다. 그런데 차량의 배기량이 이렇게 복잡한 숫자로 구성될 수밖에 없는 이유는 결국 π 때문이다.

차량의 배기량은 원통형 실린더의 직경과 높이에 의해 결정된다. 밑면이 원통형이기 때문에 π가 개입될 수밖에 없는 것이다. 굳이 1,000이나 2,000 등 똑 떨어지는 수치의 배기량을 만들어내고 싶다면 방법은 하나밖에 없다. 실린더 밑면의 직경이나 높이를 복잡하고 기괴한 수치로 설정해야 하는 것이다. 하지만 그렇게 할 경우, 실린더 제작자들의 반발이 만만치 않을 것이다. 본디 금속과 철강 분야의 기술자들은 간단한 수치를 좋아한다. 물론 사람의 목숨과 안전이 걸린 중대한 사안인 만큼 실린더 사이즈의 단위가 밀리미터 단위로 세밀화되는 것까지는 아마도 참아줄 것이다. 그러나 정수가 아닌 숫자가 개입되는 것까지 용인해 줄지는 의문이다!

그런데 π라는 무리수가 포함되어 있다고 해서 기술자들이 무조건 화를 내는 것은 아니다. 앞서 수없이 강조했듯 공학과 기술 분야에서는 어차피 반올림이 일상다반사이기 때문이다. 그렇다고 π를 숫자 3으로 대체해 버릴 수는 없다. 계산은 간단해지겠지만 정확도가 너무 떨어지기 때문이다. 그런 의미에서 π = 3.14는 어쩌면 공학자들이 양보할 수 있는 한계라고 할 수 있다. 하지만 π를 3.14로 대체할 경우, 나아가 실린더 밑면의 직경과 높이가 정수일 경우, 결국 배기량은 1,984cc처럼 복잡한 수치가 될 수밖에 없다.

회전하는 직사각형

앞서 말했듯 원기둥은 직사각형의 회전체이고, 그 부피는 밑면의 넓이 곱하기 높이이다. 여기에서 원기둥의 부피와 관련된 한 가지 유용한 법칙을 소개할까 한다. '굴딘의 제2정리^{the second Guldin thoerem}'라는 법칙인데, 굴딘의 제2정리를 이해하기 위해 우선 직사각형 하나를 둘둘 말아서 원기둥을 만들었다고 가정해 보자. 이때 직사각형의 밑변의 길이는 원기둥 밑면(혹은 윗면)의 둘레와 일치한다. 즉 직사각형이 한 바퀴 회전하는 동안 그 무게중심(두 대각선의 교점)이 그려낸 원(무게중심의 궤적)과 일치하는 것이다.

$$V_{\text{회전체}} = L_{\text{무게중심의 궤적}} \cdot S_{\text{단면의 넓이}}$$

그런데 원기둥의 경우, 무게중심이 한 바퀴 돌면서 만들어낸 원의 지름은 전체 원기둥의 지름의 정확히 절반에 해당된다. 원기둥의 반지름과 무게중심원의 지름이 크기가 같은 것이다. 이에 따라 직사각형의 면적은 원기둥 밑면의 반지름에 원기둥의 높이를 곱하면 되고, 여기에서 우리는 다음과 같은 공식을 유추할 수 있다.

$$V_{\text{원기둥}} = \pi r^2 h$$

파울 굴딘[Paul Guldin] (1577~1633)은 오스트리아의 천문학자이자 수학자로, 회전체의 부피에 관한 법칙을 발견한 것으로 널리 알려져 있다. 회전면의 겉넓이에 관한 규칙을 정리한 '굴딘의 제1정리'라는 것도 있지만, 그보다는 제2정리가 더 유명하다.

그런데 사실 회전체의 부피에 관한 굴딘의 법칙은 굴딘이 개발한 것이 아니었다. 해당 법칙은 기원전 3세기경 그리스 수학자 파포스[Pappos]가 이미 개발해낸 것으로, 굴딘은 파포스의 법칙을 '재발견'한 것이었다. 그런 까닭에 굴딘의 정리를 '파포스-굴딘의 정리' 혹은 '파포스의 무게중심에 관한 정리'라 부르기도 한다.

구

구의 둘레 = 대원의 둘레

구의 둘레는 대원의 둘레, 즉 구의 중심점을 지나도록 잘랐을 때 나오는 단면의 둘레와 같고, 구의 둘레를 구하는 공식은 다음과 같다.

$$L = 2\pi r$$

구의 겉넓이는 다음 공식으로 구할 수 있다.

$$S = 4\pi r^2$$

구의 부피를 구하는 공식은 둘레나 겉넓이를 구하는 공식보다 조금 더 복잡하다. 하지만 이 책을 읽고 있는 독자들은 충분히 이해할 수 있으리라 믿어 의심치 않는다.

$$V_구 = \frac{4}{3}\pi r^3$$

구는 부피가 동일한 입체 도형들 중 겉넓이가 최소이고, 반대로 겉넓이가 동일한 입체 도형들 중 부피는 최대이기 때문에 수학적으로 매우 흥미로운 도형인 동시에 매우 중요한 도형이다.

적도를 둘러싼 고리

잘난 척 뻐기는 친구를 곤경에 빠뜨릴 수 있는 퀴즈 하나를 다시 한 번 소개해 보겠다. 예컨대 40,000㎞ 길이의 끈이 하나 있고, 지구 적도의 둘레 역시 정확히 40,000㎞라고 가정해 보자(사실 지구 적도의 둘레는 40,000 ㎞보다 조금 더 길지만, 여기에서는 편의상 40,000㎞라 가정하자). 이제 그 끈의 길이를 정확히 1㎞만 늘려 보자. 그런 다음 40,001㎞짜리 끈으로 적도를 둘러싸면 지구 표면과 끈 사이에 틈이 생긴다. 이때 어느 지점에서 측정하든 지구 표면과 끈 사이의 간격은 동일해야 한다는 조건이 전제된다면, 지구 표면과 끈 사이의 간격은 과연 얼마까지 벌어질까? 파리 한 마리가 겨우 통과할 수 있을 만큼 틈이 벌어질까? 혹은 생쥐나 강아지가 끈에 몸을 스치지 않고 통과할 수 있을까?

정답을 듣고 나면 아마 독자들의 입이 딱 벌어질 것이다! 그렇다, 끈의 길이를 단 1㎞만 늘렸을 뿐인데, 그 덕분에 심지어 경비행기까지 거뜬히 통과할 수 있을 정도로 틈이 벌어진다! 그 이유는 다음과 같다.

원래 끈의 길이는 40,000㎞였고, 그 끈으로 적도를 감쌀 경우, 지구 표면과 끈 사이에는 물샐 틈조차 생겨나지 않는다. 이때 적도의 지름은 $40,000^{km}/_{\pi}$이다. 하지만 끈의 길이를 1㎞만큼 늘릴 경우 해당 원의 지름은 $40,001^{km}/_{\pi}$가 되고, 이로써 지름의 길이가 $1^{km}/_{\pi}$만큼, 다시 말해 300m가 늘어나는 것이다. 그리고 그 말은 곧 적도 양쪽에 150m의 공간이 생겨나는 것을 뜻한다!

비행기도 거뜬히 통과할 수 있는 틈이 생겨난다!

구와 원기둥의 상관관계

어떤 원기둥 안에 가로세로로 딱 맞는 크기의 구를 집어넣어 보자. 이 경우, 구의 겉넓이와 구를 감싸고 있는 원기둥의 옆넓이는 정확히 일치한다. 하지만 구의 겉넓이와 원기둥의 옆넓이 사이에 이러한 상관관계가 존재한다는 사실을 아는 사람은 많지 않다. 그런데 조금만 생각해 보면 그럴 수밖에 없다는 것을 쉽게 이해할 수 있다. 원기둥의 옆넓이는 밑면의 둘레에 높이를 곱한 값이다. 나아가 '자기 몸에 딱 맞는' 구를 둘러싸고 있는 원기둥의 높이는 당연히 구의 높이와 동일하다. 즉 구의 지름과 원기둥의 높이가 동일한 값인 것이다.

자, 다시 한 번 정리해 보자. 원기둥의 옆넓이를 구하는 공식은 '$\pi \times$ 지름(d) $\times$ 높이(h)' (πdh)이다. 그런데 위 사례의 경우, πdh 중 h를 d로 대체해도 되고, 이에 따라 원기둥 옆넓이를 구하는 공식 역시 πdd 혹은

162

πd^2이라 고쳐 쓸 수 있다.

지금부터는 그렇게 될 수밖에 없는 이유를 수학적으로 증명해 보겠다. 구의 겉넓이를 구하기 위해 우선 구를 가로 방향으로 자른 뒤 각 단면의 겉넓이를 구하고, 이후 그 겉넓이를 합하면 최종 결과를 얻을 수 있다. 이때 각 단면의 외곽선은 구의 '위

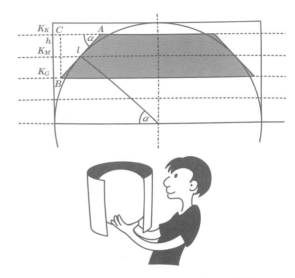

구의 겉넓이와 원기둥의 옆넓이는 동일하다!

도(구를 수평 방향으로 자른 선)'와 탄젠트 관계에 놓여 있다. 즉 위 그림의 $\overline{AB}$와 l가 탄젠트 관계에 놓여 있는 것이다.

구를 수평으로 자른 단면의 넓이 역시 일반적인 도형 넓이 구하기 공식의 틀에서 크게 벗어나지 않는다. 외곽선의 길이에다가 외곽선이 위도선과 만나는 지점의 둘레를 곱해 주면 되는 것이다. 외곽선에다가 위도선의 교점의 둘레를 곱해 주는 이유는 그 지점이 바로 구 단면의 외곽선의 중간 지점이기 때문이다. 예컨대 위 그림에서 위도선 K_M의 위도는 $\alpha°$이고, K_M 지점에서 측정한 구의 둘레는 $U\cos(\alpha)$가 된다(이때 U는 '구의 둘레'를 뜻한다). 이에 따라 직각삼각형 ABC의 빗변이 해당 단면의 외곽선의

길이가 되고, 나아가 그 길이는 곧 K_G와 K_K를 잇는 선이 되기도 한다. 또, 삼각형 ABC의 세 각 중 한 각인 α각은 K_M의 '지리적 위도'가 된다. 이에 따라 해당 단면의 외곽선 l은 $\dfrac{h}{\cos(\alpha)}$ 라는 공식으로 구할 수 있게 된다. 나아가 K_M을 중간에 두고 K_G에서 K_K로 이어지는 외곽선을 지닌 구의 단면의 넓이는 다음 공식을 통해 구할 수 있다.

$$A = U\cos(\alpha)\frac{h}{\cos(\alpha)}$$

위 공식은 '$\cos(\alpha)$'로 정리할 수 있고, 그 경우, 아래 공식이 나온다.

$$A = Uh$$

그런데 위 공식은 K_G에서 K_K로 이어지는 원기둥 단면의 옆넓이를 구하는 공식이기도 하다.

자, 여기에서 우리는 다음과 같은 사실을 유추할 수 있다. 구를 여러 개의 단면으로 쪼갠 뒤 각 단면의 넓이를 구하고, 그 값들을 나중에 합산하면 구의 단면에 대한 근삿값을 구할 수 있다는 사실 말이다. 이때 구를 여러 개로 쪼갤수록 각 단면의 외곽선이 높이는 짧아지고, 각 단면의 외곽선의 높이가 짧을수록 각 단면의 넓이를 합한 값이 구의 실제 넓이에 더 가까워진다. 즉 구의 단면을 최대한 납작하게, 최대한 많이 쪼갤 경우 결국 구의 실제 넓이를 구할 수도 있다는 것이다. 적어도 이론적으로는 그렇다!

구슬 모양으로 변하는 물방울

1930년대까지만 하더라도 모두들 물방울이 위는 잘록하고 아래는 뭉툭한 유선형이라 믿었다. 하지만 물방울은 수도꼭지에서 떨어지는 바로 그 순간에는 우리가 흔히 알고 있는 물방울 모양이지만, 아래로 떨어지면서 중력 때문에 결국 구슬 모양으로 변한다. 그런데 만약 무중력 상태에서 물방울을 떨어뜨리면, 다시 말해 자유낙하하는 상태에서는 어떤 모양이 나올까? 자유낙하 상태에서는 처음부터 공 모양의 물방울이 떨어진다! 중력이 전혀 작용하지 않기 때문에 구의 모양을 띠게 되는 것이다. 무중력 상태에서 액체가 구슬 모양을 갖게 되는 이유는 액체의 표면장력$^{surface tension}$' 때문이다. 표면장력이란 액체가 다른 물질과 접촉하는 상황에서 스스로를 수축시키며 표면적을 최소화하려는 힘을 뜻하는데, 앞서 말했듯 구는 같은 부피를 지닌 입체 도형들 중 표면적이 최소이다. 즉 중력과 표면장력으로 인해 처음에는 유선형이던 물방울이 아래로 내려갈수록 점점 더 구형에 가까워지는 것이다.

수렵용 산탄 제작 과정

수렵용 산탄$^{lead shot}$은 사냥가들 사이에서는 흔히 '구슬'이라 불린다. 예부터 동그란 모양의 총알을 사용해 온 덕분에 그런 별명이 붙은 것이다.

물방울이 아래로 떨어지면서 유선형에서 구형으로 변한다는 사실은 이미 몇백 년 전에 많은 이들에게 알려졌고, 그 당시 산탄 제조가들은 그 원리를 이용해 구슬 모양의 총알을 제조했다. 액체 상태의 납을 상당히 높은 위치에 있는 체에 거른 뒤 아래로 떨어지게 만드는 방법을 활용하여 완벽한 구슬 모양의 총알을 만들어낸 것이다.

콘크리트와 '구슬 골재'

요즘은 어떤 건물을 짓든 콘크리트가 활용된다. 건물뿐 아니라 다리나 댐, 도로를 건설할 때에도 콘크리트는 없어서는 안 되는 필수 재료이다. 그런데 콘크리트라는 말이 일상 생활에서 흔히 사용되고 있기는 하지만 그 의미를 정확히 아는 사람은 많지 않다. 그렇다면 콘크리트란 정확히 어떤 건축 재료를 가리키는 말일까?

콘크리트는 여러 가지 재료를 혼합한 건축 자재이다. 주재료는 시멘트이지만, 거기에 물과 골재, 혼화재 등 다양한

점점 더 구슬 모양에 가까워지는 물방울들

166

재료가 뒤섞인다. 여기에서 말하는 '골재'란 모래나 자갈 등으로, 시멘트를 비롯한 나머지 재료와 잘 섞이면서 결국에는 콘크리트의 강도를 높여 줄 목적으로 투입되는 재료들을 의미한다.

그런데 공사 현장에서 일하는 사람들의 말에 따르면 골재의 모양이 구형에 가까울수록 좋다고 한다. '구슬 골재'를 최고로 쳐 주는 것이다. 나아가 구슬 골재의 크기가 다양할수록 더 좋다고 한다. 그래야 각 재료들이 혼합될 때 주입된 공기로 인해 발생되는 공극void이 작아지기 때문이다. 그렇게 다양한 크기의 구슬 골재를 활용해 콘크리트를 혼합할 경우 시멘트의 투입량도 낮출 수 있다. 시멘트는 콘크리트의 주재료인 만큼 모두들 강도가 매우 높을 것이라 생각하지만, 사실은 기타 골재에 비해 오히려 강도가 더 낮기 때문에 콘크리트 혼합 시 시멘트의 비율이 낮을수록 더 좋다고 한다.

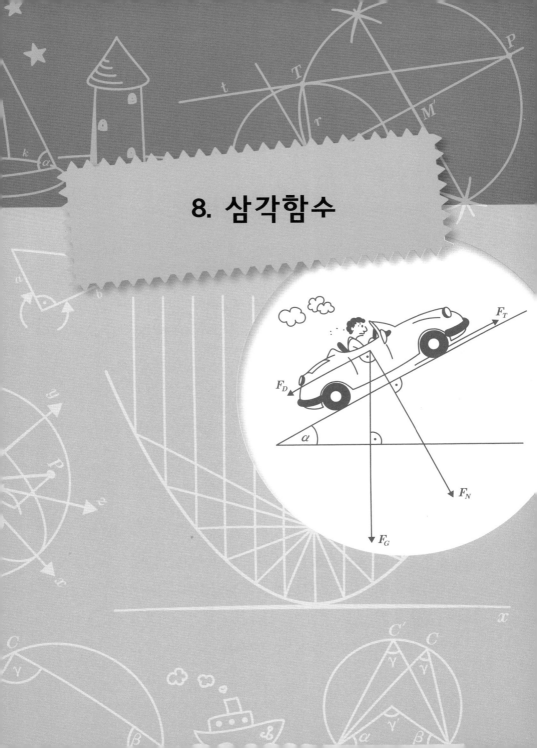

8. 삼각함수

삼각관계

사인

'사인 sine'이란 직각삼각형에서 빗변에 대한 높이의 비율을 의미하고, 수학에서는 'sin'이라 적는다. 즉 아래 그림에서 α각에 대한 사인값은 '$\frac{높이}{빗변}$'가 되는 것이다.

$$\sin[\alpha] = \frac{높이}{빗변}$$

'사인'이라는 이름의 유래

오른쪽 두 개의 그림 중 아래 그림은 반지름이 1인 원, 즉 단위원과 사인 sin의 관계를 표현한 것으로, 그림에서 보이는 대로 사인값은 원주 위의 한 점 A에서 원주 위의 또 다른 점 A'를 연결한 선분의 절반이다. 참고로 A와 A'를 연결한 선분을 '현 chord'이라 부른다. 즉, 현이란 원의 둘레 위에 놓인 두 개의 좌표를 연결한 선분을 뜻한다.

그런데 사인이라는 말의 기원도 현과 관련이 있다. 사인은 본디 현을 뜻하는 산스크리트어 '지바 ^{jiva}'에서 왔다. 이후 아라비아인들이 이를 '협곡', '활의 시위', '가슴' 등을 뜻하는 아랍어 '자이브 ^{jaib}'로 바꿔 불렀고, 이는 다시 같은 뜻의 라틴어 '시누스 ^{sinus}'로 번역되었으며, 영어에서는 '사인 ^{sine}'으로 변신한 것이다.

참고로 사인은 $90°$ 이상이 될 수도 있고, 사인값의 변화 상태를 연

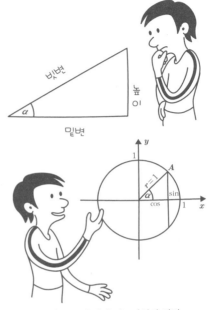

단위원을 통해 알아보는 사인의 원리

결해서 '사인곡선 $^{sine\ curve}$'을 만들 수도 있다. 나아가 사인곡선은 $360°$ ($= 2\pi$)를 주기로 반복된다.

'성 파비아노 축일'과 밤낮의 길이

성 파비아노는 평신도에서 교황 자리까지 오른 천주교 성인聖人이다. 가톨릭에서는 지금도 1월 20일을 성 파비아노의 축일로 지정하여 기념하고 있다. 그런데 먼 옛날 농부들은 "성 파비아노 축일이 되면 나무가 자라고 해가 길어지기 시작한다!"는 말을 속담처럼 주고받았다. 1월 20일을

즈음해서 나뭇가지에 물이 오르는 것을 눈으로 직접 확인했기 때문에 '나무가 자라기 시작한다'고 말한 것이다. '해가 길어진다'는 말 역시 근거 없는 이야기는 아니다. 지금과 같은 정밀한 시계가 존재하지 않았던 그 당시에는 교회에서 15분마다 울리는 종소리를 듣고 지금이 하루 중 대략 어느 때인지를 짐작하는 정도에 불과했다. 그렇기 때문에 하룻밤 사이에 해가 길어지거나 짧아졌다는 사실을 알 수는 없었다. 하지만 하루가 아니라 일주일이라면, 혹은 그보다 조금 더 긴 기간이라면 낮이나 밤의 길이 변화를 충분히 체감할 수 있었을 것이다.

다들 알고 있듯 낮과 밤의 길이는 태양의 위치에 따라 달라진다. 동짓날부터는 낮이 길어지고 하짓날을 지나면 밤이 길어진다. 그렇지만 동지나 하지를 즈음한 밤낮의 길이 변화 속도는 매우 느리다. 차이를 거의 느낄 수 없을 정도로 낮의 길이가 서서히 길어지거나 반대로 짧아지는 것이다.

반면 낮과 밤의 길이가 같은 두 절기, 즉 춘분과 추분을 즈음해서는 밤낮의 길이 변화가 매우 빨리 진행된다. 그 이유는 바로 밤낮의 길이가 사인곡선을 그리고 있기 때문이다. 혹은 코사인곡선이라 말할 수도 있다. 이때, 출발점을 어디로 잡느냐에 달라진다. 춘분부터 시작하면 사인곡선이, 하지부터 시작하면 코사인곡선이 나온다. 이렇게 밤낮의 길이가 사인곡선이나 코사인곡선을 그리는 이유는 지구가 태양의 궤도에 다가가거나 멀어지기를, 나아가 원 위치로 되돌아오기를 반복하기 때문이다.

코사인

'코사인^{cosine}'이란 직각삼각형에서 빗변에 대한 높이의 비율을 의미하고, 수학에서는 'cos'라 적는다. 즉 α각에 대한 코사인값은 '$\dfrac{밑변}{빗변}$'이 되는 것이다.

$$\cos[\alpha] = \dfrac{밑변}{빗변}$$

$\dfrac{x}{12}$의 법칙과 조수간만의 차

지구는 자기 자신을 축으로 자전하는 동시에 1년을 주기로 태양 주위를 한 바퀴 돈다. 즉 자전하는 동시에 공전도 하는 것이다. 지구의 위성인 달도 공전과 자전을 반복한다. 밀물과 썰물 현상이 발생하는 이유도 그 때문으로, 달의 인력과 지구의 원심력으로 인해 해수면의 높이에 차이가 발생하는 것이다. 그런데 해수면의 높이 변화를 추적해 보면 코사인곡선이 나온다.

그래서 고기잡이 어부들은 '물때'를 파악하는 일, 즉 밀물과 썰물이 들어오고 나가는 때를 파악하는 작업이 필수적이다. 그러나 먼 옛날의 어부들은 물론이요 오늘날의 어부들 역시 코사인이라는 개념을 이용해 물때를 계산하지는 않는다.

173

그렇다면 어부들은 무엇을 기준으로 고기잡이배를 띄울까? 이 질문에 대한 정답은 바로 '$\frac{1}{12}$ 의 법칙^{rule of twelfth}'에서 찾아볼 수 있다.

'$\frac{1}{12}$ 의 법칙'이란 밀물이 썰물로 변하는 주기를 대략 6시간으로 잡은 뒤 매 시간당 빠져나가는 물의 양을 주먹구구식으로 계산하는 방식을 뜻한다. 즉 빠져나가는 물의 전체량을 12로 잡은 뒤 시간당 빠져나가는 물의 대략적인 양을 다음과 같이 $\frac{1}{12}$ 로 어림짐작하는 것이다.

처음 한 시간: 빠져나가는 물의 양은 전체의 $\frac{1}{12}$

그 다음 한 시간: 빠져나가는 물의 양은 전체의 $\frac{2}{12}$

그 다음 한 시간: 빠져나가는 물의 양은 전체의 $\frac{3}{12}$

그 다음 한 시간: 빠져나가는 물의 양은 전체의 $\frac{3}{12}$

그 다음 한 시간: 빠져나가는 물의 양은 전체의 $\frac{2}{12}$

마지막 한 시간: 빠져나가는 물의 양은 전체의 $\frac{1}{12}$

참고로 썰물이 밀물로 변하는 경우(들어오는 물의 양을 계산할 때)에도 위와 동일한 계산 방식이 적용된다.

타이어의 공회전과 코사인

언덕길을 오르는 도중 차량이 갑자기 멈춰선 채 바퀴가 공회전만 할 때

가 있다. 그럴 때면 V형 8기통 7리터 엔진에 500마력을 자랑하는 고급
차량이라 하더라도 속수무책이 된다. 이를 수학적 관점에서 분석하자면
해당 차량의 운전자를 난감하게 만드는 주범은 바로 언덕길의 경사각이
지니는 코사인값이다.

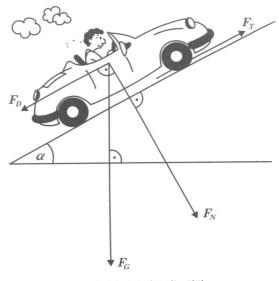

언덕길에서 쩔쩔 매고 있는 차량

물리 시간에 아마도 오르막길에서 어떤 물체가 받는 중력^{gravity}(F_G)이
활강력^{downhill force}(F_D)과 수직항력^{normal force}(F_N)으로 나눠진다는 사실
은 배웠을 것이다. 그 값을 구하려면 '힘의 평행사변형^{parallelogram of force}'
을 이용해야 한다. 그 말은 곧 다음 두 공식을 활용해야 한다는 뜻이다.

175

$$F_N = \cos{(\alpha)}\, F_G$$

$$F_D = \sin{(\alpha)}\, F_G$$

그렇다, 위 두 공식 속에 바퀴가 공회전하는 이유가 숨어 있다! 차량이 오르막길을 주행하기 위해서는 결국 경사면에 대해 바퀴가 작용하는 힘인 '접선력$^{\text{tangential force}}(F_T)$'이 최소한 경사로가 지니는 활강력보다는 커야 한다는 것이다. 참고로 지금 우리는 경사로를 주행 중인 차량이 사륜구동 차량이라는 것을 전제하고 있다. 그래야 수직항력이 백퍼센트 적용되기 때문이다. 단, 접선력이 마찰력보다 커서는 안 된다. 즉 노면에 대해 바퀴가 작용하는 힘이 수직항력 및 마찰계수$^{\text{coefficient of friction}}$(단위는 '$\mu$', 읽을 때에는 '뮤'로 읽음) 때문에 바퀴와 노면 사이에 발생하는 힘을 넘어서서는 안 된다는 것이다. 이에 따라 다음 공식들을 도출할 수 있다.

$$F_T \geq F_D$$

$$\mu F_N \geq F_D$$

$$\mu \cos{(\alpha)}\, F_G \geq \sin{(\alpha)}\, F_G$$

위 공식을 μ를 기준으로 이항하면, 즉 μ를 좌변으로 옮기면서 나머지 공식을 정리하면 다음과 같은 공식이 나온다.

$$\mu \geq \frac{\sin{(\alpha)}\, F_G}{\cos{(\alpha)}\, F_G}$$

이를 간략하게 정리하면

$$\mu \geq \frac{\sin(\alpha)}{\cos(\alpha)}$$

자, 이제 바퀴와 노면 사이의 마찰계수(μ)가 경사각의 사인 및 코사인의 비율과 같아져야 한다는 사실을 알게 되었다. 그렇지 않을 경우, 아무리 엄청난 마력을 지닌 차량이라 하더라도 궁지에서 벗어날 방법이 없다. 심지어 세계 최고를 자랑하는 메르세데스-벤츠 사의 다목적 특수 차량 '유니모그Unimog'가 $v = 80 \, \text{m/h}$라는 최소 변속속도를 채택하더라도 공회전을 멈추지 못한다.

그런 의미에서 이제 접선력, 즉 '탄젠트의 힘'에 대해 좀 더 자세히 알아보기로 하자.

탄젠트와 코탄젠트

'탄젠트tangent'는 밑변과 높이의 비율을 의미하고, 수학에서는 'tan'이라 적는다. '코탄젠트cotangent'는 탄젠트의 역수이다.

$$\tan[\alpha] = \frac{높이}{밑변}$$

$$\cot[\alpha] = \frac{밑변}{높이}$$

탄젠트와 피타고라스의 정리

탄젠트는 밑변과 높이의 비율인 동시에 코사인과 사인의 비율이다.

$$\tan(\alpha) = \frac{\sin(\alpha)}{\cos(\alpha)}$$

그런데 위 공식은 피타고라스의 정리와도 매우 유사하다. 조금만 생각해 보면 다음과 같이 변환할 수 있기 때문이다.

$$\sin(\alpha)^2 \cdot \cos(\alpha)^2 = 1$$

다시 한 번 상기해 보자면, 피타고라스의 정리는 직각삼각형에서 직각을 낀 두 변을 각각 제곱하여 더하면 빗변의 제곱과 같은 값이 나온다는 것이었다. 즉, 숫자 1은 제곱을 해도 결국 1이 되기 때문에($1^2 = 1$) 위 공식이 피타고라스의 정리에도 부합하는 것이다.

타이어의 공회전과 탄젠트

앞서 오르막길에서 멈춘 차량의 타이어 공회전과 마찰계수 그리고 코사인의 상관관계를 살펴봤는데, 탄젠트는 코사인과 사인의 비율이라고 했다. 즉 '타이어의 공회전과 코사인' 파트의 마지막에 나온 공식을 다음과 같이 변환해도 좋다는 뜻이다.

$$\mu \geq \frac{\sin(\alpha)}{\cos(\alpha)}$$

178

$$\mu \geq \tan (\alpha)$$

그런데 탄젠트는 밑변과 높이의 비율이기도 하다. 다시 말해 빗변의 각도가 곧 탄젠트값이 되는 것이다. 오르막길의 경우, 노면의 경사도가 탄젠트가 된다. 나아가 그 말은 곧 사륜구동 차량이 오르막길을 오를 경우 타이어와 노면 사이의 마찰계수가 최소한 오르막길의 각도보다는 커야 한다는 뜻이기도 하다.

예를 들어 경사가 10%인 오르막길을 주행하려면 바퀴와 노면 사이의 마찰계수(μ)는 최소한 0.1μ 이상이어야만 하는 것이다.

그런데 건조한 노면에서는 마찰계수가 상승하지만 빙판길이나 눈길, 진흙탕 등 축축한 노면에서는 마찰계수가 급격히 떨어진다. 다시 말해 화창한 날 아스팔트길 위에서는 기어의 단수를 낮추지 않아도 엔진의 힘만 충분하다면 거뜬히 오르막길을 올라갈 수 있지만, 눈비가 내린 뒤에는 엔진의 힘이 아무리 충분하다 하더라도, 혹은 기어의 단수를 아무리 낮춘다 하더라도 바퀴가 공회전만 할 뿐 차량이 꼼짝도 하지 않는 경우가 발생할 수 있다는 것이다. 그 이유는 얼음이나 눈으로 뒤덮인 노면에서는 바퀴와 노면 사이의 마찰계수가 현저히 떨어지기 때문이다.

삼각함수에 관한 또 다른 사실들

단위원을 이용하면 사인이나 코사인 등 삼각함수에 관한 개념을 좀 더 쉽게 이해할 수 있다. 적어도 삼각형 하나만 덩그러니 그려져 있는 그림보다는 단위원을 이용하면 설명이나 이해가 더 쉬워지는 것은 분명한 사실이다.

사실 이 내용은 학년이 올라가면 어차피 수업 시간에 배울 내용이기는 하다. 하지만 이 책의 제목처럼 선생님을 깜짝 놀라게 하고 싶다면 이 정도쯤은 미리 알아두는 것이 좋지 않을까!

코사인과 가로로 자른 구의 단면들

앞서 구球에 관한 설명에서 구의 겉넓이는 해당 구를 딱 맞게 감싸고 있는 원기둥의 옆넓이와 같다는 사실을 배웠다. 그런데 직접적으로 언급하지는 않았지만, 그 설명에는 결국 지리적 위도선(ϕ)을 따라 구를 가로로 자른 단면들의 둘레(L_ϕ)를 다음 공식에 따라 구할 수 있다는 내용도 포함되어 있다.

$$L_\phi = \cos(\phi) \cdot U_{적도}$$

구면 위의 피타고라스

지구본을 보면 가로세로로 여러 개의 줄이 그어져 있다. 그중 가로선은 '위도 latitude'를 나타내고 세로선은 '경도 longitude'를 나타낸다. 한편, 바다

180

위에서는 '해리nautical mile'라는 특수한
거리 단위가 활용되는데, 1해리
는 지구본 상의 가로줄들의 평
균값, 다시 말해 위도의 평균
값(=지구 위도 1분)을 의미하
며, 적도 주변을 기준으로 1해
리는 대략 1,852m에 달한다. 참
고로 1해리의 길이는 위도에 따라 달
라져야 하지만 차이가 미미하기 때
문에 일반적으로는 위도에 상관없
이 '1해리=1,852m'라는 원칙이

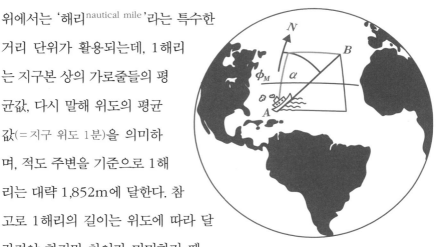

구면 위의 계산이 평면의 경우보다 복잡하기
는 하지만, 그렇다고 불가능한 것은 아니다!

적용된다. 또 '지구 경도 1분'은 위치에 상관없이 늘 1,852m를 유지한다.
그 이유는 적도가 지구의 대원大圓이기 때문이다. 지구가 평면이 아니라
구면임에도 불구하고 항해사들이 피타고라스의 정리를 활용하는 것도 결
국 그런 이유에서이다.

자, 항해사들이 항로를 결정하는 과정을 한 번 추적해 보자. 예컨대 어
떤 선박이 A지점(해당 지점의 경도는 ϕ_A, 위도는 λ_A)에서 B지점(해당 지점의 경도
는 ϕ_B, 위도는 λ_B)으로 이동하고자 한다고 가정해 보자. 그러자면 선장은 점
A와 점 B를 잇는 선이 어디인지를 계산해야 한다. 즉, A와 B 사이의 각
도(α)를 계산해야만 하는 것이다. 만약 지구가 구면이 아니라 평면이라면

그 답은 쉽게 구할 수 있다. 사인과 코사인을 이용해 α가 얼마인지를 구한 뒤 피타고라스의 정리를 이용해 빗변의 길이를 구하면 그것이 결국 선분 AB의 길이가 되기 때문이다.

하지만 안타깝게도 지구는 평면이 아니다. 따라서 평면상에서 직사각형처럼 보인다 하더라도 그 그림을 지구본 위에 옮겨 놓으면 평행사변형에 가까운 모양이 나오고 만다. 그렇다고 절망할 이유는 없다. 노련한 항해사들은 이미 그 오차를 극복하는 방법을 꿰뚫고 있다. 그 방법이란 바로 '위도 단위로 잘라낸 원'의 둘레와 위도에 대한 코사인값을 이용하는 것이다. 그러자면 우선 이동거리의 평균 위도(ϕ_M), 즉 A지점의 위도와 B지점의 위도를 평균한 값을 이용해야 한다.

자, 지구를 완전한 구면체라 가정할 경우, 적도는 대원이 되고, 이에 따라 적도상의 위도 1°는 60해리가 된다. 위도가 높아지거나 낮아질 경우에는 $\cos(\phi)$값만큼 해리의 길이가 짧아질 것이다. 이번 사례에서 선박의 위치가 적도 주변이라 가정할 경우, A지점과 B지점의 위도 차이($\Delta\lambda$), Δ즉 A지점과 B지점의 해리는 '$\Delta\phi \cdot \cos(\phi) \cdot 60\,\text{nmile}/°$'라는 공식으로 구할 수 있다.

경도 차이는 더 쉽게 구할 수 있다. '위도 1분'이 지구상의 대원을 기준으로 설정된 만큼 '경도 1분'은 위치에 상관없이 어디에서나 60해리이기 때문이다. 이에 따라 '$\Delta\phi \cdot 60\,\text{nmile}/°$'라는 공식을 적용해서 경도를 구할 수 있다.

이로써 직각삼각형의 밑변과 높이의 길이가 도출되었다. 이제 탄젠트의 역$_逆$, 즉 아크탄젠트^{arctangent}값과 피타고라스의 정리를 이용해 항로의 각도 및 거리를 구하기만 하면 된다. 그런데 이때 위도와 경도가 어디냐에 따라 값이 달라질 수 있으므로 약간의 주의가 필요하다. 항로의 출발 지점과 도착 지점이 지구상 어느 위치에 있느냐에 따라 오차가 발생할 수 있기 때문이다. 위에서 소개한 방법은 예컨대 북위 $0°$에 동경 $90°$를 기준으로 한 방법인데, 출발 지점이나 도착 지점의 위도와 경도가 달라진다면 결과 역시 달라질 수밖에 없다. 하지만 위도가 저위도 혹은 중위도인 경우라면, 다시 말해 600해리 정도까지는 위 방법을 활용하더라도 큰 무리는 없는 것으로 알려져 있다.

좌표와 원주

앞서 사인^{sin}을 설명하는 과정에서 단위원이라는 개념이 나왔는데, 코사인 역시 단위원과 밀접한 관계에 놓여 있다. 예컨대 코사인값을 x로, 사인값을 y로 지정함으로써(이때 원 한 바퀴의 단위는 $360°$) 하나의 원이 탄생된다. 단, 이때 $90 \sim 270°$에서의 코사인값과 $180 \sim 360°$ 사이에서의 사인값이 마이너스 영역이라는 점에는 주의해야 한다. 참고로 사인 좌표와 코사인 좌표를 이용해 원을 그리는 과정을 수학에서는 '매개변수화^{parametrization}'라 부른다.

184쪽에 소개하는 한 쌍의 방정식은 '원의 방정식$^{equation\ of\ circle}$'을 매개변수화한 것으로, 이때 X_M과 Y_M은 각 좌표의 중심점을 의미한다.

$$x = X_M + \cos{(r)}$$
$$y = Y_M + \sin{(r)}$$

컴퓨터로 원 그리기

컴퓨터에서 원을 그릴 때에도 사인과 코사인 그리고 원의 상관관계가 활용된다. 컴퓨터 등장 초기에는 매우 다양한 컴퓨터언어와 명령어들이 사용되었는데, 예컨대 '베이직^{BASIC}'이라는 컴퓨터프로그래밍언어를 이용해 원을 그리려면 아래와 같은 내용을 입력해야만 했다(이때 X_M과 Y_M은 각각 X와 Y좌표의 중심점을 의미하고, R은 반지름, A는 각도에 대한 제어변수 control variable를 뜻한다).

```
FOR A = 0 TO 360 STEP 0.1
PLOT XM + COS(A) · R, YM + SIN(A) · R
NEXT
```

컴퓨터로 타원 그리기

컴퓨터로 타원을 그리는 방법도 위와 거의 동일하다. 타원도 결국 원을 약간 변형한 형태에 불과하기 때문이다. 타원과 원의 가장 큰 차이점은 타원이 두 개의 서로 다른 반지름을 지닌다는 사실이다. 때문에 타원을 그릴 때에는 반지름을 R로 통일해서 쓰는 대신 R_X와 R_Y로 구분해서 써 줘야 하는 것이다. 이에 따라 컴퓨터를 이용해 타원을 그리기 위한 '베이직언어'는 다음과 같다.

```
FOR A = 0 TO 360 STEP 0.1
PLOT XM + COS(A) · RX, YM + SIN(A) · RY
NEXT
```

참고로 이때 R_X가 클수록 옆으로 더 넓게 퍼진 타원이 나올 것이고, R_Y가 클수록 세로로 더 긴 형태의 타원이 나온다.

쌍곡선

쌍곡선 함수

아래 그림은 간단한 형태의 쌍곡선^{hyperbola}과 $f(x) = \dfrac{1}{x}$ 이라는 함수의 그 래프를 표현한 것이다. 쌍곡선을 뜻하는 영어 단어 'hyperbola'는 '지나치 다, 초과하다'라는 뜻인데, 아래 그림에서 보듯 $x = 0$에 가까워질수록 곡선 이 심하게 굽는 것을 알 수 있다. 하지만 그 이후 곡선은 다시 원래의 각도를 회복한다.

쌍곡선과 매개변수

사인과 코사인은 친척 관계에 놓여 있다고 할 수 있으며, 그 둘을 이용하면 쌍곡선을 매개변수로 나타 낼 수 있다. 그 값들은 각

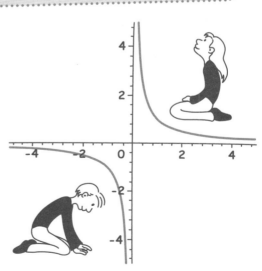

쌍곡선과 함수 그래프

각 쌍곡선 사인($\sin h$), 쌍곡선 코사인($\cos h$)이라 부르며 매개변수를 구하는 공식은 다음과 같다.

$$x = X_M + \cos h(r)$$

그리고

$$y = Y_M + \sin h(r)$$

쌍곡선 코사인함수

쌍곡선 코사인함수는 매우 재미있는 함수이다. 생긴 것은 옆 그림처럼 누군가의 목에 걸려 있는 목걸이처럼 생겼는데, 수학에서는 이를 '현수선catenary'이라 부른다. 현수선은 양 끝이 어딘가에 고정되어 더 이상 아래로 떨어지지 않은 채 늘어뜨려진 곡선을 뜻한다.

이처럼 생긴 것은 포물선과 비슷하지만 쌍곡선

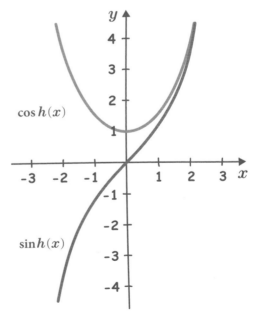

쌍곡선코사인과 쌍곡선사인

코사인함수의 성질은 일반 포물선과는 매우 다르다. 이를 독일의 수학자 고트프리트 라이프니츠^{Gottfried Leibniz}(1646~1716), 네덜란드의 수학자 크리스티안 호이겐스^{Christiaan Huygens}(1629~1695), 스위스의 수학자 요한 베르누이^{Johann Bernoulli}(1667~1748)가 밝혀냈다.

9. 확률

통계적 확률

추계와 통계

확률에도 여러 가지 종류가 있다. 여기에서는 우선 '통계적 확률^{statistical} probability'에 관해 다룰까 한다. 참고로 통계적 확률은 과거의 경험이나 실험에 기반을 두고 있다 해서 '경험적 확률^{empirical probability}'이라고도 불린다. '추계^{stochastics}'란 확률 이론의 한 갈래이고, '통계^{statistics}'란 어떤 일이 일어난 빈도를 표현하는 수단이다. 그런데 '대수의 법칙^{law of large numbers}'에 따르면 어떤 실험을 많이 반복할수록, 혹은 표본조사의 경우 관측 대상의 수가 많을수록 거기에서 나온 결론과 실제 현실이 일치할 가능성이 높아진다고 한다. 추계와 통계가 상호 보완적 관계에 놓여 있는 것도 그 때문이다. 즉, 추계학적으로 도출된 예측의 정확성을 통계학적으로 분석할 수 있고, 반대로 통계를 바탕으로 어떤 일이 발생할 가능성을 추계학적으로 예측할 수도 있는 것이다.

보통 확률은 0에서 1 사이의 숫자로 표시하며 분수나 퍼센트 수치로 나타낸다. 어느 편을 선택하든 절댓값이 동일하다는 점은 앞서 분수와 백분율에 관해 이야기할 때 이미 확인한 바 있다. 그럼에도 불구하고 우리는 확률을 이야기할 때면 분수보다는 퍼센트를 더 애용한다. 그 편이 상황을 떠올리기가 더 쉽기 때문이다. 예컨대 어떤 일이 일어날 확률이 60%라고 말하는 것이 $\frac{3}{5}$ 이라고 말하는 것보다는 이해하기 쉽다. 100번 중 60번은 그 일이 일어날 것이고 나머지 40번은 일어나지 않을 것이라고 쉽게 상상할 수 있기 때문이다.

확률과 팩토리얼

확률 계산에 있어서 '계승 factorial'은 매우 중대한 위치를 차지한다. 예컨대 어떤 자연수 n의 계승을 구해야 할 경우, '$n!$'로 쓰고 읽을 때에는 'n 팩토리얼'이라 읽는다. 'n 계승' 혹은 'n 팩토리얼'을 하라는 말은 곧 1부터 n까지의 자연수를 차례로 곱하라는 뜻이다. 예를 들어 '$6!$'은 다음과 같이 계산한다.

$$6! = 1 \cdot 2 \cdot 3 \cdot 4 \cdot 5 \cdot 6 = 720$$

위 공식에서 보듯 6이라는 숫자는 그다지 큰 숫자가 아니지만 그 뒤에 붙은 느낌표의 위력은 그야말로 대단하다. $6!$을 계산했더니 그냥 6과는 비교할 수 없을 정도로 큰 숫자가 나오는 것이다. 이에 따라 만약 팩토리얼 기호가 확률을 나타내는 어떤 분수의 분모에 포함될 경우, 해당 확률은 매우 낮아질 수밖에 없다. 49개의 숫자들 중 6개를 맞혀야 하는 로또를 예로 들어보자. 이 경우, $k=6$이고 $n=49$이다. 맞혀야 할 숫자는 여섯 개이고, 전체 숫자는 마흔아홉 개인 것이다(독일 로또의 경우). 나아가 $N_{n,k}$의 역수가 바로 여섯 개의 숫자 모두를 정확히 예측할 확률이 된다. 그 공식을 정리하면 다음과 같다.

$$N_{n,k} = \frac{n!}{k! \cdot (n-k)!}$$

$$N_{n,k} = \frac{49!}{6! \cdot (43)!}$$

$$N_{n,k} = 13,983,816$$

즉 로또에서 1등에 당첨될 확률은 대략 $\dfrac{1}{14,000,000}$ 인 것이다. 반면 주사위를 굴려서 6이 나올 확률은 무려 $\dfrac{1}{6}$ 이나 된다! 주사위에서 특정 숫자가 나올 확률에 대해서는 나중에 다시 살펴보기로 하자.

상대위험도와 기회

'상대위험도 relative risk'라는 말이 있다. 주로 질병과 관련해 자주 사용되는 개념으로, 누군가가 특정 질병에 걸릴 확률이라고 생각하면 된다. 그런데 위험도라는 말 안에 이미 확률의 개념이 포함되어 있다. 위험도라는 말에는 특정 습관이나 특정 약물 혹은 특정 음식물의 섭취로 인해 예컨대 무좀이나 폐암 등 질병을 얻게 될 확률이 담겨 있다. 기회라는 말에도 확률이 내포되어 있다. 하지만 '위험도'와 '기회' 사이에는 큰 차이가 있다. 즉 위험도가 피하고 싶은 무언가와 맞닥뜨리게 될 확률을 의미한다면 기회는 간절히 원하는 무언가를 손에 쥐게 될 확률을 의미하는 것이다. 예를 들어 복권에 당첨될 확률은 위험도보다는 기회에 가깝고, 폐암에 걸릴 확률은 기회보다는 위험도에 가깝다.

가령 어떤 유명한 의사 선생님이 혹은 저명한 교수님께서 '특정 직업을 지닌 이들이 무좀에 걸릴 확률이 1.2(120%)에 달한다'라는 '폭탄선언'을

했다고 가정해 보자. 그 말의
의미는 정확히 무엇일까?

바로 위에서 확률은 0과 1
사이라 했는데, 확률이 1.2라
는 말을 어떻게 받아들여야 좋
을까? 100명 중 120명이 무
좀에 걸린다는 뜻일까?!

물론 그런 의미는 아니다.
특정 직업 종사자들이 무좀으
로 고생하게 될 상대적 위험도
가 1.2라는 말은 해당 직업군

확률은 위험도가 될 수도 있고 기회가 될 수도 있다!

이 기타 직업군에 비해 무좀에 걸리게 될 확률이 1.2배라는 뜻이다. 즉, 일
반인들이 무좀에 걸릴 확률이 100명 중 50명꼴이라면 해당 직업군의 경
우, 100명 중 60명이 무좀으로 고생하게 될 가능성이 크다는 의미인 것
이다.

대수의 법칙

상대위험도의 의미는 절대위험도가 얼마냐에 따라, 나아가 표본조사 대
상이 몇 명이냐에 따라 달라진다. 예컨대 절대위험도가 50%인 상황에서
상대위험도가 1.2인 경우, 상대위험도는 60%이므로 꽤 큰 수치라 할 수

있다. 조사 대상이 많을 때에는 문제가 더더욱 심각해진다. 다시 한 번 무좀 사례를 들자면, A그룹(기타 직업군)에 속한 사람 1,000명 중 500명이 무좀을 앓는 반면, B그룹(특정 직업군)에 속한 사람 1,000명 중 600명이 무좀에 걸린다는 뜻이다. 즉 둘 사이에 100명이라는 엄청난 차이가 발생하는 것이다.

만약 A그룹과 B그룹의 인원이 각 100명씩이고, 그중 특정 질병에 걸린 사람이 A그룹에는 1명, B그룹에는 2명이 나왔다면, 이 경우 B그룹의 상대위험도는 2.0, 즉 200%라는 계산이 나온다. 하지만 인원수로 따지자면 결국 1명밖에 되지 않기 때문에 문제가 심각하다고 할 수 없다. 게다가 그 1명이, 혹은 그 2명이 다른 이유로 해당 질병에 걸렸을 수도 있는 점을 감안하면 1명이라는 차이가 지니는 의미는 더더욱 힘을 잃는다.

그렇기 때문에 표본조사 시에는 되도록 많은 사람을 대상으로 삼아야 한다. 그래야 조사 결과를 바탕으로 도출된 결론의 신뢰성이 높아지기 때문이다. 즉, 대수의 법칙에 의거해 조사를 실시해야 하는 것이다.

'코호트 조사' 시에도 가능한 많은 사람을 대상으로 삼는 것이 원칙이다. '코호트 cohort'란 공통된 특징을 지닌 사람들의 집단을 가리키는 말인데, 여기에서 말하는 공통된 특징은 나이가 될 수도 있고 특정 경험이 될 수도 있다. 예컨대 1998년에 태어난 사람들만을 조사 대상으로 삼는 방식이 코호트 방식에 따른 표본조사라 할 수 있다. 코호트 조사의 경우, 조사 대상의 규모가 너무 작으면 신뢰도가 뚝 떨어지고 만다. 가령 몇십 명

정도만 조사한 뒤 '요즘 십대들의 성향에 관한 연구 결과'를 발표할 수는 없는 것이다.

보험료 산출 시에도 대수의 법칙이 밑바탕이 된다. 모두들 알다시피 보험료는 가입자가 매월 보험사에 납입하는 돈이다. 가입자에게 무슨 일이 발생했을 때 보험사가 가입자에게 지급하는 돈을 보험금이라 부른다. 보험사는 가입자의 나이와 성별, 병력 등을 고려해 보험료를 책정하는데, 보험료 책정 시에 보험계약자가 장차 사고를 당하거나 질병에 걸릴 확률을 반드시 고려해야 한다. 예를 들어 오토바이 운전자를 위한 보험 상품의 경우, 과거 몇 년 혹은 몇십 년 간의 오토바이 사고 발생 횟수와 상해 정도를 대수의 법칙에 의거해 파악하고, 그 결과를 다가올 몇 년 혹은 몇십 년에도 적용시켜서 보험료를 책정하는 것이다.

주관적 확률

발생 확률이 동등한 사건

발생 확률이 눈에 뻔히 보이는 일들이 있다. 굳이 연필과 종이를 동원하지 않아도 확률을 쉽게 예측할 수 있는 그런 일들 말이다. 예를 들어 동전을 던졌을 때 앞면이 나올 확률과 뒷면이 나올 확률은 동일하다. 둘 다 확률이 반반인 것이다. 주사위를 던질 때 특정 개수의 눈이 나올 확률도 그와 비슷하다. 주사위의 면이 총 6개인만큼, 1~6까지 각각의 숫자가 나올 확률은 각기 $\frac{1}{6}$이 된다. 이런 경우를 두고 수학자들은 '주관적 확률$^{subjective\ probability}$' 이라는 용어를 사용한다.

라플라스의 악마

프랑스 태생의 수학자이자 물리학자, 천문학자였던 피에르 시몽 라플라스$^{Pierre - Simon\ Laplace}$(1749~1827)는 말하자면 '결정론자'였다. 결정론은 쉽게 말해 세상만사가 이미 확정되어 있다는 이론으로, 라플라스는 우주를 움직이는 원자들의 위치와 운동량을 꿰뚫고 있는 존재가 만약 존재한다면 주어진 정보를 제대로 해석함으로써 미래를 정확히 예측할 수 있다고 믿었다. 그렇게 삼라만상에 대해 모든 것을 꿰뚫고 있는 초월적 존재를 가리켜 '라플라스의 악마Laplace's demon'라 부르기도 한다.

라플라스는 그러한 자신의 가설을 입증하기 위해 발생 확률이 동등한 사건을 두고 수백, 수천 번에 달하는 지루한 실험을 반복했는데, 발생 확률이 동등한 사건에 대해 끊임없이 실험을 반복하는 경우를 두고 '라플라스 실험'이라 부르는 것도 그 때문이다. 예컨대 주사위를 던져 각 눈이 나올 확률이 약 $\frac{1}{166}$ 이라는 사실을 확인하기 위해 주사위를 1,000번 던지는 경우가 라플라스 실험에 해당된다. 실제로 통계학이 처음 등장했을 무렵, 꽤 많은 교수님들이 라플라스 실험으로 수많은 학생들을 괴롭혔다고 한다.

그런데 주사위를 던졌을 때 각각의 눈이 나올 확률이 비슷해지는 이유 역시 대수의 법칙에 바탕을 두고 있다. 즉 주사위를 단 여섯 번만 던졌을 때에는 각각의 눈이 나올 확률이 $\frac{1}{6}$ 이라 단언할 수 없지만, 수백, 수천 번 던지다 보면 결국 각 눈이 나올 확률이 $\frac{1}{6}$ 에 가까워지는 것이다.

룰렛과 숫자 0

카지노에서 즐길 수 있는 모든 게임은 딜러 쪽의 승산이 더 높게 설계되어 있다. 여기에서는 룰렛을 예로 들어 각종 도박 뒤에 숨은 비밀을 한번

파헤쳐 보자.

룰렛 게임은 라플라스 실험의 대표적 사례라 할 수 있는데, 몇 개의 칸에 돈을 거느냐에 따라 승률은 달라진다. 즉 칸 개수의 역수가 승률이 되는 것이다. 예를 들어 1부터 36까지의 숫자 중 한 칸에 돈을 건다면 내가 이길 확률은 그 역수, 즉 $\frac{1}{36}$이 되고, 이 경우 내가 건 돈의 36배에 해당되는 돈을 딸 수 있다. 두 칸에 돈을 건다면 나의 승률은 $\frac{1}{18}$이 되고 배당률은 18배가 된다. 1 ~ 12, 13 ~ 24, 25 ~ 36으로 구분된 세 줄 중 한 줄에 돈을 걸 수도 있다. 이 경우에는 승률이 $\frac{1}{3}$, 배당률은 3배가 되고, 짝수나 홀수에 베팅을 할 경우에는 승률은 $\frac{1}{2}$, 배당률은 2배가 된다.

사실 여기까지만 보면 룰렛 게임은 매우 공평한 게임이다. '발생 확률이 동등한 사건'이기 때문이다. 즉, 한두 번 해서는 평균적 확률이 나온다는 보장이 없지만 여러 번 하다 보면 결국 이기는 횟수와 지는 횟수가 비슷해질 게 틀림없는 것이다.

문제는 숫자 0이다! 룰렛 판을 자세히 보면 0이라는 숫자가 포함되어 있다. 경우에 따라 '00'도 포함되어 있을 수도 있다. 0과 00은 일종의 '조커'로 홀수도 아니고 짝수도 아니다. 검정색으로도 빨간색으로도 간주되지 않는다. 즉, 룰렛 판을 돌려 0이나 00이 나오면 무조건 딜러가 승자가 되는 것이다. 이에 따라 예컨대 한 칸에 베팅을 했을 경우, 승률은 정확히 말해 $\frac{1}{36}$이 아니라 $\frac{1}{37}$ 혹은 $\frac{1}{38}$이 된다.

필승 비법은 없다!

룰렛으로 일확천금을 노린 이들은 한둘이 아니다. 아이큐가 매우 높거나 수학적 재능이 탁월한 이들이 개발한 '룰렛 필승 비법'도 수두룩하다. 하지만 룰렛 게임으로 백만장자가 된 이들은 그다지 많지 않다. 물론 아예 없지는 않지만, 그저 운이 좋았을 뿐이다. 어쩌면 필승 비법을 누군가에게 팔아 넘겨서 부자가 된 사람은 있을 수도 있다!

룰렛이 확실한 재테크 수단이 될 수 없는 이유는 이번에 어느 숫자가 나올지 아무도 예측할 수 없기 때문이다. 로또와 마찬가지이다. 이번 주에 무슨 숫자가 나올지 미리 알 수만 있다면 얼마나 좋을까마는 현실은 그렇지 않다. 앞서도 확인했듯 룰렛은 어디까지나 확률의 게임이다. 비록 0이나 00 같은 '불공평한' 숫자가 포함되어 있기는 하지만 그 경우에도 결국 한 개의 숫자에 돈을 걸었을 때의 승산은 $\frac{1}{37}$ 혹은 $\frac{1}{38}$ 이다. 거기에는 어떤 예외도 존재하지 않는다. 방금 전에 검정색이 나왔으니 이번에는 빨강색이 나올 거라고는 누구도 확신할 수 없고, 지난주의 로또 당첨번호 6개가 이번 주에 다시 한 번 나오지 말라는 법 역시 어디에도 존재하지 않는다!

확률이 제로라는 말과 불가능이라는 말은 동의어가 아니다!

확률이 1이라는 말은 어떤 사건이 반드시 일어난다는 뜻이다. 그 말을 반대로 생각하면 확률이 0이라는 말은 어떤 사건이 절대로 일어나지 않는다는 뜻이 되어야만 한다. 즉, '확률이 제로'라는 말과 '불가능하다'라는 말은 동의어가 되어야만 하는 것이다.

그런데 실제로는 그렇지 않다. 자, 머릿속에 다트 판^{dart board}을 하나 그려 보자. 지금부터 거기에 화살을 날리는 것이다. 실제로는 화살이 과녁을 완전히 빗나갈 수도 있지만, 여기에서는 편의상 모든 화살이 적어도 과녁을 벗어나지는 않는다고 전제해 보자. 나아가 화살이 과녁 위의 각 지점에 꽂힐 확률도 동일하다고 가정해 보자. 이러한 전제 하에 다트를 던지면 아마도 과녁의 중심 주변에 '상처'가 집중될 것이다. 중심을 겨냥하고 화살을 던지니 그렇게 되는 게 마땅하다. 그런데 가만히 생각해 보면 과녁 위에는 무수한 점들이 존재한다. 즉, 화살이 과녁의 각 지점에 꽂힐 확률이 무한대(∞)인 것이다. 그리고 그 말은 곧 확률이 제로라는 뜻이다. 하지만 내가 던진 화살은 분명 다트 판 어딘가에 꽂힌다. 즉, 확률이 제로라는 말과 불가능이라는 말이 결코 동의어가 아니라는 것이다!

자, 과연 어떤 이론으로 이 상황을 설명할 수 있을까? 이 질문에 대한 대답은 독자들에게, 혹은 독자들의 수학 선생님들에게 양보하기로 한다. 이 책의 제목이 《선생님도 놀라게 하는 수학》인 만큼 모두들 이 질문으로 선생님을 곤경에 빠뜨려 보기 바란다!

$\frac{1}{\infty}$ 의 확률과 다트 판

조건부 확률

주사위는 던져졌다!

'조건부 확률conditional probability'이란 사건 A가 발생했을 때 사건 B가 발생할 확률을 가리키는 말이다(이때 사건 A 역시 발생 확률을 지님). 조건부 확률은 사건 A의 발생 확률과 사건 B의 발생 확률을 곱함으로써 구할 수 있다.

조건부 확률을 설명하는 대표적 사례는 주사위를 두 번 던졌을 때 연달아 6이라는 눈의 개수가 나오는 경우이다. 그러기 위해서는 먼저 첫 번째 주사위 던지기에서 6이 나와야 하고, 두 번째 던지기에서 나온 눈의 개수도 6이 되어야 한다. 각각의 확률이 얼마인지는 뻔하다. 사건 A와 B 모두 각기 $\frac{1}{n}$, 즉 $\frac{1}{6}$ 이라는 확률을 지니는 것이다. 그런데 만약 첫 번째 시도에서 6이라는 숫자가 나오지 않았다면, 다시 말해 $\frac{1}{6}$ 이라는 확률을 지닌 사건이 발생하지 않았다면 사건 B를 진행할 이유조차 없다. '주사위를 두 번 연달아 던졌을 때 둘 다 6이라는 숫자가 나오는 경우'에 이미 어긋나기 때문이다. 이에 따라 사건 B는 사건 A의 결과에 영향을 받는다. 즉 사건 B가 일어날 확률은 $\frac{1}{6}$ 의 $\frac{1}{6}$, 즉 $\frac{1}{36}$ 이 되는 것이다.

다른 방법으로도 조건부 확률을 계산할 수 있다. 예컨대 주사위 두 개를 던졌을 때 나올 수 있는 숫자의 쌍은 총 36개이다($6 \cdot 6 = 36$). 그리고 그중 (6, 6)이라는 숫자의 조합은 단 1개밖에 없다. 즉, 주사위 두 개를 던져 둘 다 6이 나올 가능성은 $\frac{1}{36}$ 이 되는 것이다.

확률과 순서쌍

그렇다면 주사위를 두 번 연달아 던져 눈의 개수가 각기 2와 3이 나올 확률은 얼마나 될까? 그 확률은 $(6, 6)$이 나올 확률의 두 배이다. 첫 번째 시도에서 2가 나와도 되고 3이 나와도 되기 때문인데, 그 확률은 $\frac{2}{6}$, 즉 $\frac{1}{3}$ 이다. 다음 단계는 첫 번째 주사위에서 무슨 숫자가 나왔느냐에 따라 달라진다. 1차 시도에서 나온 눈의 개수가 2라면 2차 시도에서는 반드시 3이 나와야 하고, 앞서 3이 나왔다면 반대로 2차 시도에서는 반드시 2가 나와야 한다. 이에 따라 두 번째 시도에서 내가 원하는 숫자가 나올 확률은 $\frac{1}{6}$이 되고, 사건 A와 사건 B의 확률을 곱하면 결국 $\frac{1}{18}\left(\frac{1}{3} \cdot \frac{1}{6} = \frac{1}{18}\right)$이며, 이는 $(6, 6)$이라는 순서쌍이 나올 확률 $\left(\frac{1}{36}\right)$의 정확히 두 배이다.

하지만 만약 특정 숫자가 나와야 하는 순서가 미리 정해져 있다면, 다시 말해 '1차 시도에서는 2가, 2차 시도에서는 3이 나와야 한다'라는 식으로 단서가 붙은 경우에는 확률이 $\frac{1}{36}$로 떨어진다.

부자가 돈을 딸 확률이 더 높은 이유

분명 공평한 조건을 지닌 게임인데도 불구하고 돈이 더 많은 사람이 결국 돈을 따는 경우가 많다. 조건부 확률에 비추어 보면 그 이유가 분명해진다. 이와 관련해 간단한 사례 하나를 들어보자.

    A와 B가 동전 던지기 게임을 하고 있다. '게임머니'는 성냥개비인데, 동전을 한 번 던질 때마다 걸 수 있는 성냥개비의 개수는 1개로 제한되어 있다. 그런데 게임을 시작할 때 A는 20개의 성냥개비를 지니고 있었고, B는 10개밖에 없었다. 만약 A가 10번을 연달아 이겨 버리면(그렇게 될 확률은 2^{-10}) B는 더 이상 게임에 참가하지 못한다. 지금까지 잃은 성냥개비를 되찾을 기회조차 사라져 버리는 것이다. 반면, B가 연달아 20번을 이기면서 A를 빈털터리로 만들어 버릴 기회는 2^{-20}밖에 되지 않는다. 그러니 주머니가 두둑한 사람이 돈을 딸 수 있는 기회가 더 커질 수밖에 없는 것이다.

    물론 한 사람이 연달아 10번, 혹은 20번을 이길 확률은 그다지 높지 않다. 하지만 그렇지 않은 경우라 하더라도 결과는 마찬가지이다. A는 B를 '격파'하기 위해 B보다 10번만 더 이기면 되지만, B는 A의 주머니를 홀라당 비우기 위해 A보다 20번을 더 이겨야만 한다. 즉 A가 판돈을 모두 잃은 채 빈손으로 돌아서기 전에 B가 빈털터리가 되어 쓸쓸하게 돌아설 확률이 더 높은 것이다.

2주 연속 로또 1등에 당첨될 확률

    2주 연속으로 로또 1등에 당첨된다는 게 과연 가능하기나 한 일일까? 한 번도 힘든데 두 번 연속은 그야말로 하늘의 별따기보다 어렵지 않을까? 느낌상으로는 분명 하늘의 별따기가 로또 2주 연속 1등 당첨보다 더 쉬울 것 같다. 그만큼 불가능해 보인다는 것이다. 하지만 이론적으로 따져 보면 아예 불가능한 일은 아니다. 2주 연속으로 로또 1등에 당첨될 확률 역시 조건부 확률에 속한다. 물론 그 확률은 극도로 낮지만, 그렇다고 제로는 아니다.

자, 오늘이 금요일이고, 같은 번호 6개로 두 줄 혹은 그 이상의 로또를 구입했다고 가정해 보자. 이로써 내일 저녁, 로또 1등에 당첨될 확률은 약 $\frac{1}{14,000,000}$ 이 된다. 사건 B, 즉 다음 주에 로또 1등에 당첨될 확률 역시 동일하고, 이에 따라 2주 연속으로 1등에 당첨될 확률은 $\left(\frac{1}{14,000,000}\right)^2$ 이 된다. 그런데 이번 주에 1등에 당첨이 되었다면 다음 주에 다시 1등에 당첨될 확률은 $\left(\frac{1}{14,000,000}\right)^2$ 에서 $\frac{1}{14,000,000}$ 로 대폭 늘어난다! 즉 사건 A가 충족되었으니 사건 B가 충족될 확률도 높아질 수밖에 없는 것이다.

한편, 2주 연속으로 로또 1등에 당첨될 확률을 계산하는 원리는 앞서 나온 주사위 두 개를 던져서 둘 다 6이 나올 확률을 계산할 때와 동일하다. 주사위를 던지기 전까지는 해당 조건이 충족될 확률이 $\frac{1}{36}$ 에 불과하다. 하지만 첫 번째 주사위에서 6이 나오는 순간, 36가지 경우의 수 중 30개가 사라져 버린다. 36개의 순서쌍 중 첫 번째 숫자가 1, 2, 3, 4, 5인 경우가 모두 제외되어 버리고, 6으로 시작하는 여섯 개의 순서쌍만 남게 되는 것이다. 그러면서 사건 B의 발생 확률이 사건 A의 발생 확률과 동일해진다. 즉 두 번째 주사위에서도 6이 나올 확률이 $\frac{1}{3}$로 늘어나는 것이다.

매번 똑같은 번호 vs 매번 다른 번호

로또를 구입할 때 매주 똑같은 번호를 선택하는 이들이 더러 있다. 매번 다른 번호를 써 넣는 이들도 많다. 과연 둘 중 어느 편이 당첨 확률이 더 높을까? 답은 간단하다. 어떤 번호를 써 넣든 한 번 구입 시 당첨될 확률은 $\frac{1}{14,000,000}$에 불과하다는 것이다. 5개, 4개, 3개의 번호를 맞히는 경우에 대해서도 매주 같은 번호를 선택하든 번번이 다른 번호를 선택하든 당첨 확률은 동일하다. 다시 말해 숫자 여섯 개를 어떻게 조합하든 어차피 1등(혹은 기타 등수) 당첨 확률에는 변동이 없는 것이다. 단, 심정적 차이는 있을 수 있다. 예컨대 매번 같은 번호로 응모하던 사람이 어쩌다가 한 번 깜빡하고 로또를 사지 않았는데 하필이면 그 번호가 1등에 당첨되었다면 그야말로 땅을 치고 통곡을 할 일이다. 하지만 매번 다른 번호를 선택하는 사람에게는 그러한 '참극'이 벌어질 염려는 없다!

운이 좋은 사람 vs 운이 나쁜 사람

도박이나 게임을 할 때면 종목을 불문하고 끝내주게 운運이 좋은 사람이 있는가 하면 지지리도 운이 없는 사람이 있다. 혹시 운이 따라 주는 사람에게는 필승 전략이라는 게 있고 운을 요리조리 피해 다니는 사람은 필패의 법칙을 지니고 있는 것이 아닐까?!

물론 그런 법칙은 없다. 운은 어디까지나 운일 뿐, 실력도 전략도 아니다. 그 뒤에 모종의 법칙이나 음모가 숨어 있는 것은 더더욱 아니다. 그 사실은 조건부 확률을 통해 쉽게 입증할 수 있다.

자, 동전 던지기를 해 보자. 어떤 사람이 '앞면이 나온다'만 계속 선택할 경우, 다섯 번 연달아 이길 확률은 과연 얼마일까? 조건부 확률 구하기 공식에 따라 셈을 해 보면, $\frac{1}{32}$이라는 답이 나온다. 어디까지나 확률이 어느 정도 들어맞았느냐에 따라 승패가 결정될 뿐, 그 뒤에 어떠한 법칙도 존재하지 않는 것이다.

$$\frac{1}{2} \cdot \frac{1}{2} \cdot \frac{1}{2} \cdot \frac{1}{2} \cdot \frac{1}{2} = \frac{1}{32}$$

그런데 $\frac{1}{32}$라는 확률은 생각보다 그리 낮지 않은 수치이다. 주사위 두 개를 던져 둘 다 6이 나올 확률만 해도 $\frac{1}{36}$으로, $\frac{1}{32}$보다 낮았다. 즉, 동전을 다섯 번 던져서 같은 면이 계속 나올 확률이 그다지 낮지는 않은 것이다. 사실 동전 던지기를 다섯 번 했을 때 뒷면 – 앞면 – 앞면 – 뒷면 – 앞면이 나올 확률이나 앞면 – 앞면 – 뒷면 – 앞면 – 뒷면이 나올 확률 역시 $\frac{1}{32}$이다. 똑같은 결과가 다섯 번 연달아 나오는 경우가 왠지 더 어렵게 느껴질 뿐, 확률적으로 따지자면 결국 아무런 차이가 없는 것이다.

도박에 강한 사람이 존재하는 이유

대체로 공평해 보이는 게임에서 유독 운이 좋은 사람이 있다. 그 이유는 게임 자체에 내포되어 있다. 즉, 해당 게임이 룰렛과는 다르다는 것이다. 룰렛은 앞서 확인했듯 어디까지나 우연이 승패를 좌우하는 게임이다. 0 혹은 00이라는 숫자 때문에 딜러의 승산이 조금 높아지기는 하지만, 확률적으로 따지자면 0이나 00이 없을 때나 있을 때나 별반 차이가 없다. 하지만 카드놀이는 룰렛과는 조금 다르다. 가령 포커를 보면 포커 게임은 몇 장의 카드를 나눠 받으면서 시작된다. 즉, 자신이 들고 있는 패와 상대방이 받은 패가 무엇인지가 승률에 영향을 미치는 것이다. 게다가 자신이 받은 패는 확인도 할 수 있다. 물론 다른 사람들은 내가 무슨 카드를 들고 있는지 알 수 없고, 나 역시 다른 사람이 무슨 카드를 들고 있는지 들여다볼 수는 없다. 하지만 어느 정도의 짐작은 가능하다. 내가 무슨 카드를 들고 있는지 알고 있는 만큼 최소한 다른 참가자들이 무슨 카드를 들고 있지 않은지는 알 수 있기 때문이다. 이를 바탕으로 참가자들의 심리 상태를 분석하고, 나아가 자신의 승률을 정확히 예측만 한다면 충분히 훌륭한 도박사가 될 수 있다. 승산이 낮다 싶을 때에는 게임을 포기하거나 돈을 조금만 걸고, 승산이 높을 때에는 비교적 큰 금액을 베팅함으로써 더 많은 돈을 딸 수 있는 것이다.

포커페이스와 승률

포커는 어떤 패를 손에 쥐느냐에 따라 승패가 좌우되는 게임이다. 하지만 그게 다가 아니다. 어쩌면 그보다는 심리적 요인이 승패에 더 큰 영향을 미칠 수도 있다. 예컨대 다른 참가자들의 표정이나 제스처를 보고 그 사람의 패가 좋은지 나쁜지를 짐작할 수도 있고, 반대로 내 표정이나 제스처를 위장함으로써 내가 좋은 패를 들었는지 나쁜 패를 들었는지를 다른 사람이 모르게 할 수도 있다. 어떤 상황에서든 눈썹 하나 까딱하지 않고 절대 표정이 변하지 않는 사람을 '포커페이스poker face'라 부

르는 것도 바로 포커 게임의 그러한 특성들에서 비롯된 것이다.

그런데 실제 포커 게임에서는 포커페이스보다 '변화무쌍한 페이스'가 더 효과적일 수도 있다. 즉, 좋은 패를 손에 쥐었음에도 불

모든 도박 게임이 순전히 운에만 좌우되는 것은 아니다!

구하고 걱정과 고민에 가득한 표정을 지음으로써 상대방으로 하여금 나쁜 패를 들고 있다고 착각하게 만들고, 반대로 내 패가 나쁠 때에는 오히려 슬며시 웃으며 상대방으로 하여금 게임을 포기하게 만드는 것이다. 이때 가장 중요한 기술은 바로 '들키지 않는 기술'이다. 다른 참가자들 역시 나와 같은 생각을 하고 있기 때문에 결국에는 '얼마나 잘 속이느냐'가 승패의 관건이 되는 것이다!

10. 로그

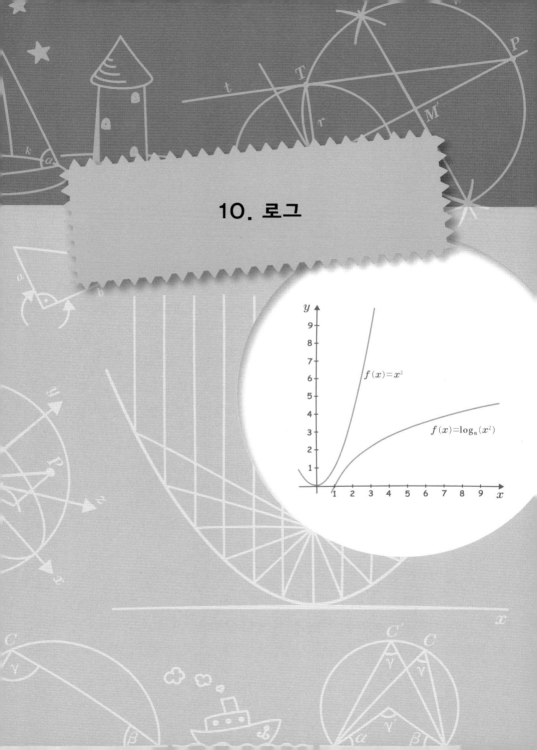

로그함수 그래프

로그

'로그$^{\text{logarithm, log}}$'라는 말만 들어도 질겁하는 이들이 많다. 일상생활에서 거의 사용하지 않는 말이기 때문에 거부감도 그만큼 클 수밖에 없을 것이다. 심지어 수학 교과서에도 '로그' 단원이 꽤 나중에 등장하는 만큼 왠지 어려운 개념일 것 같은 느낌이 들 수밖에 없다. 하지만 알고 보면 로그는 어떤 문자나 숫자의 오른쪽 '어깨'에 작게 덧붙이는 문자나 숫자, 즉 '지수'의 다른 말에 지나지 않는다. 예컨대 $\log_n z$는 'n을 밑으로 하는 z의 로그'라 읽는데, 결국 n을 몇 번 곱해야 z가 나오느냐는 의미이고, 이를 수식으로 나타내면 다음과 같다. 참고로 $\log_n z$에서 n은 '밑^{base}'라 불리고 z는 '진수$^{\text{anti-logarithm}}$'라 불린다.

$$z = n^{\log_n[z]}$$

계산기가 등장하기 전 수학자들은 큰 수 두 개를 곱할 때 로그를 활용했다. 각 수의 로그를 합한 값이 두 수를 곱한 값의 로그와 같다는 사실에 착안해 다음 공식에 따라 계산한 뒤 예컨대 b가 얼마인지를 찾아낸 것이다.

$$x \cdot y = b^{\log_n[x]+\log_n[y]}$$

그 뒤에 숨은 원리는 결국 제곱수를 곱할 때 적용되는 원리와 똑같다. 즉 밑이 같은 제곱수끼리의 곱은 밑은 그대로 둔 채 지수만 합하면 된다는 원리가 위에서도 활용된 것이다. 그런데 어떤 수든 모두 다 임의의 숫자의 지수가 될 수 있다. 이에 따라 결국 밑이 어떤 수가 되었든 모든 수가 그 밑수의 로그가 될 수 있다. 그 이유는 로그가 결국 어떤 수를 '몇 번 곱한 값'이냐를 의미하기 때문이다.

고대 인도와 바로크 시대의 로그 활용

고대 인도의 수학자들은 이미 그 시절에 로그라는 개념을 이용했다. 하지만 로그가 유럽에 전파되기까지는 꽤 오랜 시간이 걸렸다. 유럽은 17세기에 와서야 로그가 얼마나 편리한 계산법인지 깨닫기 시작한 것이다. 그 당시 로그를 주로 활용한 이들은 상인들이었다. 특히 복리複利, 즉 이자에 다시 이자가 붙는 방식을 적용할 경우, 일정 기간이 지난 후 원금이 얼마로 불어날지를 계산할 때 로그는 매우 유용한 도구가 되어 주었다.

로그표와 계산자

예전에는 로그값을 손으로 일일이 계산하는 대신 '로그표table of

logarithms'라는 도구를 활용했다. 로그표란 세로줄과 가로줄을 조합해서 예 컨대 'log 1.06'의 값을 간단히 구할 수 있게 미리 작성해 둔 것인데, 로 그표를 맨 처음 개발한 사람은 스코틀랜드 출신의 수학자 존 네이피어 John Napier(1550~1617)였다. 이후 스위스의 수학자이자 천문학자인 요스 트 뷔르기 Jost Bürgi(1552~1632)가 네이피어의 로그표를 한층 더 발전시 켰다.

한편, '계산척 slide rule' 역시 로그표와 더불어 로그의 연산 과정을 간소 화시켜 준 대표적 도구에 속한다. 보통은 '계산척'이라는 어려운 말보다 는 '계산자'라는 조금 더 쉬운 말로 불리는데, 계산자란 눈금이 새겨진 두 개의 자를 이용한 도구로, 둘 중 하나는 고정되어 있고 하나는 미끄러지 게 고안해서 로그의 곱셈 과정을 간소화한 것이었다. 참고로 1970년대까 지는 프랑스의 수학자이자 공학자였던 빅토르 아메데 만하임 Victor Amédée Mannheim(1831~1906)이 1850년에 개발한 눈금 방식의 계산자가 주로 사 용되었다.

계산자를 이용해 로그값을 곱하는 작업은 그다지 어렵지 않다. 자 ruler 두 개를 나란히 놓아서 덧셈을 할 수 있다는 사실은 아마 많이들 알고 있 을 것이다. 그런데 로그계산자의 눈금에는 일반 자와는 달리 로그값이 매 겨져 있다. 이에 따라 고정된 부분과 미끄러지는 부분을 조합해서 로그값 을 더했다는 말이 결국 밑수를 곱했다는 뜻이 되는 것이다. 신기하고도 천 재적인 발명품이 아닐 수 없다. 하지만 안타깝게도 그 안에는 함정도 포함되어 있다. 계산자를 이용해 구한 값의 자릿수가 정확하지 않다는 것이다! 나열된 숫자들 사이 어디에 소수점을 찍어야 할지는 결국 스스로 판단해야 한다. 다시 말해 내가 구해야 하는 값이 대략 얼마쯤인지 미리 알고 있어야 한다는 것이다. 계산기가 처음 나올 당시에도 많은 이들이 이와 비슷한 문제를 겪었다. 소수점의 위치를 판단하는 기능이 없는 상태에서 계산기를 두드렸더니 자신이 대략적으로 예측한 값과는 엄청난 차이가 있는 답이 나올 때가 많았던 것이다. 그 차이는 무엇보다 자릿수에 있었고, 그러한 오류는 결국 스스로 해결하는 수밖에 없었다.

로그계산자의 경우도 그와 비슷하다. 비록 원하는 값이 '비교적 정확하게' 나오기는 하지만, 점을 어디에 찍어야 할지는 각자의 몫이다. 게다가 계산자는 세 자리까지만 정확성을 보장한다. 하지만 그게 큰 문제가 되지는 않는다. 앞서 여러 차례 강조했듯 공학이나 과학 분야에서는 세 개의 숫자만으로도 충분하다고 보기 때문이다.

로그계산자는 로그의 곱셈 과정을 간소화해 준다는 장점 말고도 또 다른 장점들도 지니고 있다. 배터리가 닳을 걱정을 하지 않아도 되고, 어쩌다가 물을 쏟더라도 행여나 고장날까 두려워 할 필요가 없다. 물론 자릿수를 스스로 결정해야 한다는 단점은 있지만, 생각해 보면 그 단점이 오히려 장점이 될 수도 있다. 요즘 우리는 그야말로 계산기를 맹신하고 있고, 계산기를 두드려 나오는 숫자가 바로 내가 원하던 숫자라 쉽게 믿어 버리는 경향이 있다. 그런데 단위가 커질수록 오류를 못 보고 지나칠 위험이 커진다. 십 단위와 백 단위 수준에서의 오류는 쉽게 눈치챌 수 있지만 억이나 조 단위를 넘어서는 순간, 우리의 판단력은 많이 흐려지고, 이에 따라 큰 오차가 발생할 수 있는 것이다. 하지만 처음부터 단위를 스스로 결정하도록 고안되어 있는 로그계산자의 경우, 그러한 오류를 범할 확률이 비교적 낮다고 볼 수 있다.

로그함수 그래프

'로그곡선logarithmic curve', 즉 로그함수 그래프는 일반적 함수 그래프보다 더 직선에 가깝다.

로그함수 그래프의 기울기

함수 그래프를 그리다 보면 금세 종이의 위쪽 가장자리까지 닿아 버리는 경우가 허다하다. 선이 바깥으로 튀어나가 버리는 것이다. 예컨대 옆 그림 중

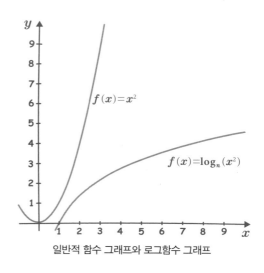

일반적 함수 그래프와 로그함수 그래프

왼쪽 그래프, 즉 $f(x)=x^2$ 함수의 그래프가 바로 그런 경우이다. 그런데 그 곡선을 완만하게 바꿔 주는 비법이 있다. 그 비법이란 바로 해당 함수에 로그를 적용하는 것으로, 오른쪽 곡선이 바로 로그함수 그래프이다.

로그모눈종이와 그 종류

'로그모눈종이 logarithmic paper'를 이용해서 함수 그래프를 완만하게 교정할 수도 있다. 모눈종이가 무엇인지는 다들 알고 있을 것이다. 종이 위에 일정한 간격으로 바둑판 모양의 선을 그어 놓은 종이가 바로 모눈종이이다. 일반 모눈종이와 로그모눈종이의 차이점은 줄 간격에 있다. 로그모눈종이의 줄 간격은 일정하지 않다. 각 숫자의 로그값에 맞추어 줄 간격을 조정했기 때문이다. 이때 x축에는 간격이 일정하게 등분된 눈금을 매기고 y축에는 로그눈금을 매긴 모눈종이는 '반半로그모눈종이 semi-log paper', x축과 y축 모두에 로그눈금을 매긴 종이는 '전全로그모눈종이 dual-log paper'라 부른다.

로그모눈종이를 직접 제작할 수도 있다. 가로 방향으로는 일정한 간격으로 선을 긋고 세로 방향에는 로그눈금을 매겨서 반로그모눈종이를 만들 수도 있고, 두 방향 모두 로그눈금을 매겨 전로그모눈종이를 만들 수도 있는 것이다. 이때 이용해야 할 도구가 무엇인지는 다들 이미 짐작하고 있을 것이다. 그렇다, 로그자이다!

pH값과 로그

pH값은 어떤 물질의 산성도(혹은 알칼리도)를 나타내는 지표이다. pH 값이 높으면 해당 용액은 알칼리성에 가까워지고, 반대로 pH값이 낮으면 산성에 가깝다. 그런데 pH값을 결정짓는 가장 중요한 요소는 수소이온의 농도이고, pH값이란 결국 수소이온 농도의 역수에 대한 '상용로그' 값이다. 참고로 상용로그란 10을 밑으로 하는 로그를 통틀어 일컫는 말이다. 그 말은 곧 산성도(혹은 알카리도)를 로그를 이용해서 표현할 수도 있다는 뜻이기도 하다. 그럼에도 불구하고 굳이 pH라는 단위를 도입한 이유는, 화학 물질이나 용액의 수소이온 농도가 매우 낮은 단위의 작은 값이기 때문이다. 즉 한눈에 파악하기 어렵고, 숫자를 보아도 산성도가 얼마나 강한지 마음에 얼른 와 닿지 않기 때문에 pH라는 새로운 단위를 도입한 것이다.

소리의 크기를 나타내는 단위인 데시벨$^{decibel/dB}$이나 지진의 강도를 표시하는 단위인 리히터 강도$^{Richter\ scale}$ 역시 로그를 이용한 단위에 속한다.

로그의 종류

상용로그와 자연로그

'상용로그common logarithm'와 '자연로그natural logarithm'는 현재 가장 많이 애용되고 있는 로그들이다.

앞서 pH값에 대해 논하면서 상용로그란 10을 밑으로 하는 로그를 통틀어 일컫는 말이라고 했다. 즉, $\log 10^x$에서처럼 10을 밑으로 하는 로그, 즉 '10의 '몇 승'을 하면 원하는 숫자가 나오느냐?'와 같은 형식의 로그를 상용로그라 부르는 것이다. 참고로 밑이 10인 상용로그에서는 대개 10을 생략하여 $\log x$로 표시한다.

자연로그는 e를 밑으로 하는 로그로, 이때 $e = 2.718281828459045235$ ……이다. e라는 흥미로운 무리수에 대한 얘기는 잠시 뒤로 미루고 우선 자연로그라는 이름의 유래부터 알아보자. 사실, '자연'로그라는 이름이 어디에서 왔는지는 확실하지 않다. 자연로그를 이용하면 자연의 성장과 소멸 현상을 설명할 수 있다는 것이 가장 큰 이유였지 않을까 짐작만 할 뿐이다. 혹은 자연로그에서는 다른 로그에서와는 달리 계수가 발생하지 않기 때문에 좀 더 '자연스럽다'고 생각해서 그런 이름이 붙지 않았을까 추측해 볼 따름이다.

상용로그와 자연로그의 활용 분야

상용로그는 발견자의 이름을 따 '브리그스의 로그'라 불리기도 한다. 헨리 브리그스 $^{Henry\ Briggs}$(1561~1630)는 영국의 수학자로, 1614년 존 네이피어가 발표한 로그 이론에 관한 서적에 열광한 인물이었다. 브리그스는 로그를 이용해서 다양한 수학적 문제를 해결할 수 있다는 사실을 그 이전에 이미 알고 있었고, 그런 만큼 네이피어가 발표한 새로운 숫자들에 열광할 수밖에 없었다. 그 열정은 결국 로그의 '상용화'로 이어졌다. 즉, 10이라는 숫자를 로그의 밑으로 활용한 상용로그를 개발해낸 것이다. 이후 '오일러의 수'라는 이름의 e가 등장하면서 상용로그와 더불어 자연로그도 전성기를 맞이했다. 참고로 상용로그는 공학 분야에서, 자연로그는 고차원의 수학 분야에서 주로 활용되고 있다

만사형통 로그 공식!

내가 원하는 어떤 로그값이 분명 있는데 최고 성능을 자랑한다는 계산기를 아무리 두드려 봐도 그 값이 나오지 않을 때가 있다. 그 이유는 계산기들이 대부분 상용로그와 자연로그만 인식하기 때문이다. 다시 말해 밑이 10이나 e인 경우에만 계산기를 사용할 수 있는 것이다. 하지만 밑이 그 외의 다른 숫자라 하더라도 절망에 빠질 이유는 없다. '만사형통 로그 공식'이 있기 때문이다. 이 기본 공식을 적용하면 웬만하면 문제가 해결된다.

$$\log_a b = \frac{\log_e b}{\log_e a}$$

오일러의 수 e

자연로그의 밑이 되는 숫자 e는 '오일러의 수'라고도 불린다. 오일러가 누구인지, 얼마나 위대한 수학자인지에 관한 설명은 이미 여러 차례 나왔으니 생략하기로 하고, 여기에서는 자연로그의 밑을 어쩌다가 'e'로 부르게 되었는지만 살펴보기로 하자.

자연로그의 e가 오일러^{Euler}의 이름에서 온 것이라 주장하는 이들이 매우 많기는 하다. 그런데 거기에 대한 반론도 만만치 않다. a부터 d까지는 수학에서 너무나도 많이 사용되고 있기 때문에 그 다음 알파벳인 e가 우연히 오일러의 수를 대표하는 알파벳으로 채택되었다는 주장이다.

누구의 말이 맞는지는 알 수 없지만 어쨌든 오일러의 수, 즉 상용로그의 밑인 e는 $e = 2.718281828459045235\cdots\cdots$로, 무리수인 동시에 초월수이다. 그런데 '초월수$^{transcendental\ number}$'는 알고 보면 굉장히 '불쌍한' 수이다. 무리수인 동시에 그 어떤 대수방정식의 해도 될 수 없기 때문이다. 하지만 오일러의 수 e는 π와 더불어 수학에서 절대 없어서는 안 될 중요한 2대 개념으로 꼽힐 만큼 매우 중요한 개념이다. 그리고 그런 사실을 감안할 때 초월수를 '완전히 불쌍하기만 한 숫자들'로 단정 지을 수는 없을 듯하다!

찾아보기